Yuanlin Luhua
Yanghu Shouce

园林绿化养护手册

张波　刘津生 ◎ 主编

中国林业出版社

《园林绿化养护手册》编委会

主编：张　波　刘津生
编委：耿丽萍　王雅文　常红军
　　　邓　杰　田连成　韩鸣宇
　　　王　敏

策　　划：邵权熙　何增明
责任编辑：何增明　张　华

图书在版编目（CIP）数据

园林绿化养护手册 / 张波，刘津生主编 . — 北京：中国林业出版
社，2012.9（2024.4重印）
　　ISBN 978-7-5038-6712-5

　　Ⅰ. ①园… Ⅱ. ①张… ②刘… Ⅲ. ①园林植物 – 园艺管理 – 手册
Ⅳ. ① S688.05-62

中国版本图书馆 CIP 数据核字 (2012) 第 190229 号

出版：中国林业出版社
　　　E-mail: 43634711@qq.com　电话：(010）83143566
社址：北京市西城区德内大街刘海胡同 7 号　　邮编：100009
发行：中国林业出版社
印刷：河北京平诚乾印刷有限公司
开本：880mm × 1230mm　1/32
版次：2012 年 9 月第 1 版
印次：2024 年 4 月第 10 次
印张：9
字数：280 千字
定价：49.00 元

前 言

  《园林绿化养护手册》是在园林绿化养护实践基础上总结出来的有关园林绿化养护管理与施工的一种实用手册。几十年来，随着园林绿化养护管理的不断发展，为了保证养护管理的顺利进行，保证养护管理的质量、进度、经费的投入和安全生产等目标的落实，特别需要比较全面、系统、完善的有关针对园林绿化养护管理与施工方面的手册，因此本手册的编写与当前园林绿化养护管理工作是吻合的、紧密相连的。

  《园林绿化养护手册》包括了养护管理的一般性原则、养护月历和重要的养护措施。在养护管理的技术和技巧方面包括了浇水、修剪、病虫害防治、施肥、中耕除草、排涝、防寒、防雪、防风和环境卫生的技术要求和施工工艺流程，较详细地编排了有关修剪、病虫害防治、施肥和草坪养护管理所依据的文字和图片资料。

  本手册可作为园林绿化养护队伍的培训教材，也是解决养护管理中有关技术、技巧和技能方面的参考资料。手册在编制过程中，参考了相关的文献资料（附后），并得到了相关专家的指导和帮助，在此一并表示感谢。

  本手册难免有不足之处，请读者和有关专家、学者使用后批评指正，我们会在修编时进一步完善。

目　录

第一部分　通用篇

第二部分　修剪篇

第三部分 病虫害防治篇

第四部分　施肥技术、草坪养护管理篇

第一部分 通用篇

　　园林绿化养护工作内容庞杂、项目繁多。本部分是按照北京市现行标准和适时、适地、适树的原则并结合长期的实践经验来进行组织和编写的。本手册尽量突出实用性和操作性，今后还要根据养护内容的更新与丰富，不断进行修订和改进，使它成为园林绿化养护工作的作业书。

1
主要养护项目和一般原则

绿化养护工作主要有 10 个项目, 即: 浇水、排涝、防治病虫害、修剪、施肥、中耕除草、防寒、防雪、防风和环境卫生。

1.1 浇水

浇水是为调节土壤温度和土壤水分, 满足植物对水分的需要而采取的人工引水浇灌的措施。

根据北京市气候特点, 为使树木正常生长, 每年 3~6 月, 9~11 月是对树木灌溉的关键时期。在冬季视天气情况适当补水。

浇水的方式主要有: 浇水车浇水、胶管浇水、喷灌浇水。

浇水的质量要求:

1. 浇水树堰保证不跑水、不漏水, 树堰高度不低于 10cm。树堰的直径要求: 在有铺装地块以预留池为准, 在无铺装地块的绿地, 乔木应以树干胸径 10 倍左右、树冠垂直投影的 1/2 为准。

2. 浇水车浇树木时, 要接胶皮管, 进行缓流浇灌, 严禁用高压水流冲刷树堰。

3. 喷灌方法: 定时开关, 专人就地巡视, 随时处理跑、冒、漏水情况, 浇水要以地面达到径流为止。

1.2 排涝

排涝是排除绿地中多余积水的过程。

排涝的方法主要有：开沟、埋管、打孔等。

排涝的质量要求：绿地和树池内积水不得超过 24 小时，宿根花卉种植地积水不得超过 12 小时。

1.3 防治病虫害

防治病虫害是对各种植物病虫害进行预防和治疗的过程。

园林植物病虫害综合治理的主要办法有：

1. **物理防治** 主要包括饵料诱杀、灯光诱杀、潜所诱杀、热处理、人工捕捉、挖蛹或虫、采摘卵块虫包、刷除虫或卵、刺杀蛀干害虫、摘除病叶病梢、刮除病斑、结合修剪剪除病虫枝等。
2. **生物防治** 保护和利用天敌，创造有利于其生存发展的环境条件。具体方法主要包括以微生物治虫、以虫治虫、以鸟治虫、以螨治虫、以激素治虫、以菌治虫等。保护和利用病虫害的天敌是生物防治的重要方法。主要天敌有：昆虫、微生物和鸟类等。天敌昆虫分寄生性天敌和捕食性天敌两类。寄生性天敌主要有赤眼蜂、跳小蜂、姬蜂、肿腿蜂等。捕食性天敌主要有螳螂、草蛉、瓢虫、蜡象等。增植蜜源（开花）植物、鸟食植物，有利于各种天敌生存发展。采用无毒或低毒药剂、避免天敌繁育高峰期用药等措施，以有利于天敌的生存。
3. **化学防治** 在害虫大发生时使用化学药剂压低虫口密度的方法。施药的方法主要有：喷雾、土施、注射、毒土、毒饵、毒环、涂抹、熏蒸等。化学防治的质量安全要求：
   - 在喷化学药剂时，要选用高效、无毒、无污染、对害虫的天敌也安全的药剂。控制对人毒性较大、污染严重、对天敌影响较大的药剂。用药时，对不同的防治对象对症下药，按规定的浓度和方法准确配药，尤其不能随意加大浓度。
   - 抓准用药的最佳时机（既是对害虫防效最佳时机，又是对主要天敌的较安全期）。
   - 喷药时要均匀周到，提高防效，减少不必要的喷药次数；同时，喷洒药剂时，必须注意行人、居民、饮食的安全。

- 注意不同药剂的交替使用，减缓防治对象产生抗药性。
- 尽量采取兼治，减少不必要的喷药次数。
- 选用新药剂和方法时，应先试验。在证明有效和安全时，才能大面积推广。

1.4　修剪

修剪是根据树种的功能、生长环境和空间不同，按照树木的生长规律，因树、因时、因地合理使用剪、锯、疏、捆绑、扎等手段，使树木长成特定状态的措施。

1.4.1　修剪时期及注意事项

修剪按修剪的时期分为冬季修剪和夏季修剪。

无论冬季修剪还是夏季修剪在修剪前必须制定修剪技术方案，并对工人进行培训，才能进行操作。培训时要简要讲明被修剪树木的生长习性、修剪的目的和要求、各项技术措施和注意事项，然后采取熟练工带学徒工办法进行操作。

个人使用修剪工具必须经过磨快和调整后方可使用，所用机械和车辆经检查无隐患后方可使用。

修剪要注意安全措施的落实。

1.4.2　修剪的技术措施及要求

1.4.2.1　园林树木修剪的时期

1. 园林树木可在休眠期和生长期进行修剪，但更新修剪必须在休眠期进行。
2. 有严重伤流和易流胶的树种应避开生长季和落叶后伤流严重期。
3. 抗寒性差的、易抽条的树种宜于早春进行。
4. 常绿树的修剪应避开生长旺盛期。
5. 绿篱、色块、黄杨球等修剪必须在每年的 5 月上旬和 8 月底以前进行。

1.4.2.2 乔木修剪

1. 凡主轴明显的树种，修剪时应注意保护中央领导枝，使其向上直立生长。原中央领导枝受损、折断，应利用顶端侧枝重新培养新的领导枝。

2. 应逐年调整树干与树冠的合理比例。同一树龄和品种的林地，分枝点高度应基本一致。位于林地边缘的树木分枝点可稍低于林内树木。

3. 针叶树应剪除基部垂地枝条，随树木生长可根据需要逐步提高分枝点，并保护主尖直立向上生长。

4. 银杏修剪只能疏枝，不准短截。对轮生枝可分阶段疏除。

5. 行道树中乔木的修剪，除应按以上要求操作外，还应注意以下规定：
   - 行道树的树型和分枝点高度应基本一致，分枝点高度最低标准为 2.8m。郊区可适当提高。
   - 树木与架空线有矛盾时，应修剪树枝，使其与架空线保持安全距离。
   - 在交通路口 30m 范围内的树冠不能遮挡交通信号灯。
   - 路灯和变压设备附近的树枝应与其保留出足够的安全距离。

1.4.2.3 灌木修剪

1. 灌木造型修剪应使树型内高外低，形成自然丰满的圆头形或半圆形树型。

2. 灌木内膛小枝应适量疏剪，强壮枝应进行适当短截，下垂细弱枝及地表萌生的地蘖应彻底疏除。

3. 栽种多年的丛生灌木应逐年更新衰老枝，疏剪内膛密生枝，培育新枝。栽植多年的有主干的灌木，每年应采取交替回缩主枝控制树冠的剪法，防止树势上强下弱。

4. 生长于树冠外的徒长枝，应及时疏除或早短截，促生二次枝。

5. 花落后形成的残花、残果，若无观赏价值或其他需要的宜尽早剪除。

6. 成片栽植的灌木丛，修剪时应形成中间高四周低或前面低后面高的丛形。

7. 多品种栽植的灌木丛，修剪时应突出主栽品种，并留出适当生长空间。
8. 造型的灌木修剪应保持外形轮廓清楚，外缘枝叶紧密。
9. 花灌木修剪应特别注意：
   - 当年生枝条开花灌木，如：紫薇、木槿、月季、珍珠梅等，休眠期修剪时，为控制树木高度，对于生长健壮枝条应在保留 3～5 个芽处短截，以促发新枝。1 年可数次开花灌木，如月季、珍珠梅、紫薇等，花落后应及时剪去残花，促使再次开花。
   - 隔年生枝条开花的灌木，如：碧桃、榆叶梅、连翘、紫珠、丁香、黄刺玫等，于休眠期适当整形修剪，生长季花落后 10～15 天将已开花枝条进行中或重短截，疏剪过密枝，以利来年促生健壮新枝。
   - 多年生枝条开花灌木，如：紫荆、贴梗海棠等，应注意培育和保护老枝，剪除干扰树型并影响通风透光的过密枝、弱枝、枯枝或病虫枝。

1.4.2.4　绿篱及色带修剪

1. 修剪应使绿篱及色带轮廓清楚、线条整齐、顶面平整、高度一致，侧面上下垂直或上窄下宽。每年整形修剪不少于 2 次。
2. 绿篱及色带每次修剪高度较前一次修剪应提高 1cm。
3. 修剪后残留绿篱面的枝叶应及时清除干净。

1.4.2.5　藤本修剪

1. 吸附类藤本　应在生长季剪去未能吸附墙体而下垂的枝条，未完全覆盖的植物应短截空隙周围枝条，以便发生副梢，填补空缺。
2. 钩刺类藤本　可按灌木修剪方法疏枝；生长到一定程度，树势衰弱时，应进行回缩修剪，强壮树势。
3. 生长于棚架的藤本　落叶后应疏剪过密枝条，清除枯死枝，使枝条均匀分布架面。
4. 成年和老年藤本　应常疏枝，并适当进行回缩修剪。

1.4.2.6 修剪注意事项

园林树木修剪时，落叶树一般不留橛，针叶树应留 1～2cm 长的橛。修剪的剪口必须平滑，不得劈裂，并注意留芽的方位。直径超过 4cm 以上的剪锯口，应用刀削平，涂抹防腐剂促进伤口愈合。锯除大树杈时应注意保护皮脊。

1.4.3 修剪的质量要求

1. 自然型树木的修剪应以树木自然分枝习性所形成的树冠形状为基础进行修剪。
2. 造型树木的修剪应根据园林绿化对树木的特定要求，适当控制树木部分枝干，按照绿化美化要求把树木剪成各种理想形态。

1.5 施肥

施肥是在植物生长和发育过程中，为补充所需的各种营养元素而采取的肥料施用措施。

施肥的主要方法有：撒施、条施、放射状沟施、沟施、灌施和叶面喷肥。

施肥方式有：施底肥、施追肥、叶面施肥。

施肥的质量要求：园林树木施肥量应根据树木大小、肥料种类及土壤肥力状况而定。施用时要用量准确，并充分粉碎，与土壤混合后要撒施均匀，随即浇水，严禁肥料裸露。

1.6 中耕除草

中耕除草是采用人力或机械松动表层土壤，增加土壤的透气性、保墒、消灭杂草和提高地表温度的措施。它有利于改善土壤的理化性质和保持绿地整洁，避免了杂草与树木争肥水，还能够减少病虫滋生的条件。

中耕除草的质量要求：

- 野生杂草生长季节要不间断进行，除小、除早，省工省力，效果好。
- 除掉的杂草要集中处理，及时运走堆制肥料。

1.7 防寒、防雪、防风

1. 防寒　防寒的主要方法有：
   - 灌冻水防寒。
   - 根部培土。
   - 扣筐、扣盆：牡丹、月季等，采用扣筐、扣盆的方法。
   - 架风障：在上风方向架设风障，风障要超过树高。
   - 涂白防寒。
   - 护干：用草绳包缠树干。
   - 树冠防寒：用保暖材料将树冠束缚后包扎。
   - 小棚保护防寒：对新植的大叶黄杨球，绿篱用带颜色（绿色）无纺布架棚。
   - 地面覆盖物防寒：对新植的竹子、雪松等在加风障的同时，在根部铺撒马粪、树叶、锯末、秫秸等物。

2. 防雪　秋末冬初的雨雪往往会产生冰凌和积雪压枝，使树枝弯垂甚至折断或劈裂。尤其是枝叶茂密的常绿树如竹子、针叶、阔叶常绿树、雪松等，因此，要及时将树冠上的冰凌和积雪及时打掉，防止压折压断树枝。

3. 防风　春季、雨季和冬季多风，要采取如下防风措施：
   - 对树冠过于浓密高大者或浅根性的易倒伏树种进行修剪。
   - 对根系浅的树种或者栽植覆土较浅的树木，在根部加厚培土。
   - 在迎风方向设立支撑物。尤其是新植大树，根系尚未发育完好，必须做好防风支架。支撑物与树皮之间用软物隔开，防止磨破树皮。

1.8 环境卫生

对养护生产产生的垃圾清运及摘除树挂。标准如下：

特级：随产随清。

一级：重要道路随产随清，一般道路日产日清。

二级：主要地区和路段日产日清，其他地区根据需要及时清运。

2
养护月历

养护工作每月各有其特点，养护月历是针对每个月的养护主要工作内容进行编制。同时，根据一年中树木生长的自然规律和北京地区自然环境的特点，养护管理工作又分为冬季、春季、初夏、盛夏和秋季五个阶段。

2.1 冬季阶段

12月及次年1月、2月份。天气寒冷，树木处于休眠期（植物休眠期：植物体或其器官在发育过程中，生长和代谢出现暂时停顿的时期）。

2.1.1 十二月

平均气温 -2.8℃，极端最高气温 13.9℃，极端最低气温 -18.3℃，地温 -3.7℃，相对湿度 50%，降水量 1.6mm。

主要养护项目如下：

2.1.1.1 防治病虫害

主要措施：挖蛹、刮刷介壳虫、刮刷虫卵块、清除残叶。

1. 刮刷介壳虫
   - 防治对象：桑白盾蚧。它为害的主要树种有：国槐、千头椿、核桃、樱花、悬铃木、银杏、杨柳、白蜡、柿、槭属、合欢、连翘、丁香、木槿、玫瑰、榆、女贞、黄杨等。
   - 防治对象：日本长白蚧。它为害的主要树种有：杨、丁香、苹果、槭属、榆、黄刺玫、槐、柿、核桃、柳、红叶李、樱花等。

- 防治方法：刮或刷除树枝、树干的虫体或结合修剪剪除被害枝条，集中烧毁，喷 3 ～ 5 波美度石硫合剂，杀灭越冬蚧体。

2. 刮刷虫卵块
   - 防治对象：舞毒蛾。它为害的主要树种有：杨、柳、核桃、柿、榆、苹果等。防治方法：刮刷树枝、树干上及附近建筑物上的黄色卵块。
   - 防治对象：双齿绿刺蛾（褐锈刺蛾）。它为害的主要树种有：核桃、杨、柳、柿、丁香、樱花、西府海棠等。防治方法：刮刷树枝、树干上的虫茧。
   - 防治对象：桑褶翅尺蛾（桑刺尺蠖）。它为害的主要树种有：桑、杨、槐树、刺槐、白蜡、核桃、榆、栾、柳等。防治方法：刮刷树干基部过冬虫茧。

3. 修剪　剪掉黄刺玫、玫瑰等树上的天幕毛虫的卵块，剪掉槐、柳、杨及花灌木上的蛀枝害虫、介壳虫。

4. 清除残叶　清除毛白杨、加杨、柳、月季、玫瑰、菊花、芍药等树木、花卉的病落叶，消灭病原菌；清除槐、椿、柳等树木附近的砖石堆、渣土、垃圾等，抹死树木附近的建筑物破墙缝，消灭日本履绵蚧过冬卵。

5. 人工刮刷病虫质量标准
   - 刮除时应不损伤树干内皮或过多损伤树体（桃树不能刮，以免流胶）。
   - 刮除要干净，刮下的虫体、病斑要及时收集烧毁。
   - 刮除病斑伤口处，要进行消毒，然后涂抹保护剂。

6. 使用工具　开刀、铜丝刷、梯、剪枝剪、手锯。

7. 操作流程
   上树刮刷虫的流程：

支梯刮刷虫的流程：

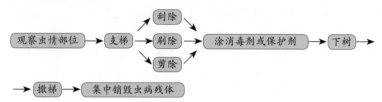

8. 环保安全措施（包括植物和施工人员的安全）
- 不要使用尖利锋锐的刀具。
- 不要使用钢丝或铁丝刷，以防止刮伤植物表皮。
- 确认所有修剪工具都很锋利，每个需切割位置都会修剪的很干净。刷除细支部分时要将铜丝刷与竹竿捆绑结实，以防止铜丝刷作业时脱落。
- 保持修剪工具的清洁。用完后，把所有的表面擦干净并且弄干，然后涂上一层薄薄的油。
- 捡起并烧掉所有刮、刷、剪下来的病虫残体和枝条残叶。
- 剪除蔷薇科和那些带刺的枝或茎干锋利的植物时，最好带厚手套。
- 上树时要身着工作服，手要戴手套，脚要穿防滑鞋，并系安全绳。安全绳的长度一般为 9m。系安全绳要长短适中，既要有能够在树上移动的余量，同时拴结点距离地面短于一人身高的长度。太短了会限制上树人的活动范围，太长了失足堕落时起不到防止上树人触地的作用。
- 使用锯、剪时一定不要大意，它们可能把你的手指连同嫩枝一起切掉。
- 支架梯子一定有专人看护，防止梯子滑动。人字梯一定要在两梯之间拴牢连接绳，以防梯子向两侧滑动。升降梯在攀登前一定要确认支架已完全弹出后才能攀爬。升降梯在滑动升降时手一定要扶在梯子的侧面。
- 有五级大风时停止作业。
- 禁止酒后上树作业。

2.1.1.2　乔木整形修剪

乔木整形修剪是对树木的某些器官，如枝、芽、叶、花、果实及根等加以疏剪或短截。目的是为调节生长，促使开花结果和用剪、锯、捆扎、扭曲、弯别等手段，使树木生长成原设计的特定形状。

1. 整形修剪的原则
   - 根据树木在园景中的应用目的而确定，如规则式或自然式。
   - 根据树种的品种特性，即"以树为师"的原则。
   - 根据树木的生长环境、生长状态而确定，如树木与周边的位置关系、树木自身生长势的强弱等。

2. 修剪的时机　在修剪中要准确掌握修剪的时机，要根据树种的不同耐寒能力和树种树液在不同季节的多寡性，统筹安排修剪的树种和修剪的时间。冬季修剪的次序要先安排耐寒树种，后修一般耐寒树种，最后进入2月底3月上旬再修耐寒性稍差的树种。由于近几年来的季节变化的延迟和"暖冬"现象的出现，树木的修剪时间和次序的安排也要相应的进行变动。目前，12月份修剪的树种中有伤流的有：栾树、元宝枫、核桃、榆树、松柏类、白桦、茶条槭。以上树种要在12月上中旬进行修剪。其他耐寒的乔木树种主要有国槐、银杏、白蜡、千头椿、垂柳、立柳、西府海棠、新疆杨、樱花、杜仲、龙爪槐、加杨、柿子、枣、臭椿、山桃、卫矛、车梁木可在12月份进行修剪。

3. 修剪的基本方法
   - 疏枝：又称疏剪。疏枝的对象是细弱枝、过密枝、重叠枝、交叉枝等。疏枝可使枝条分布均匀，扩大空间，改善通风透光条件，保持树冠下部不空脱，更利于花芽分化。进行疏除大型轮生枝（卡脖枝）时要逐年进行。
   - 短截：分以下几种：①轻短截：剪去枝条顶梢，即剪去枝条长度的1/5～1/4。适用于花果树强枝修剪，如西府海棠强壮树上生长旺盛枝条采取轻短截，刺激下部多数叶芽萌发，形成短枝，次年开花，分散枝条养分，缓和树势。②中短截：剪到枝条中部饱满叶芽处，即剪去枝条长度1/3～1/2。③重短截：剪到枝条下部饱满叶芽处，即剪去枝条长度2/3～3/4，剪口叶芽偏弱，刺激后生长1～2个壮枝，适用老树、弱枝复壮的更新修剪。

- 去蘖：是去除植株各部附近的根蘖苗或树干上萌蘖的措施，要在蘖条未木质化时徒手去蘖。根蘖要贴地表剪去，不留木桩。新植抹头槐树所生新枝，应分两次去除。第一次适当多留几枝，防止风吹折断。第二次定型修剪，选择方向、位置、角度适宜的枝条留下，剪去多余萌蘖。

- 锯大枝：对于粗大的枝条，进行短截或疏枝，多用锯进行。锯大枝时要求锯口平齐，不劈不裂。在锯除粗大的树枝时，为避免锯口处劈裂，可先在确定锯口位置的地方，在枝下方向上先锯一切口，深度为树枝粗度的 1/5 ～ 1/3(枝干越成水平方向，切口就越应深些)，然后再在锯口上向下锯断，可防劈裂。也可分两次锯，先在确定锯口处，向前 15 ～ 30cm 处，按上法锯断。然后在确定锯口处下锯。修平锯口，并涂上防腐剂。

- 回缩：在回缩多年生大枝时，除极弱枝外，一般都会引起徒走长枝的萌生。为防止大量发生，可先重短截，削弱其长势后，再回缩，同时剪口下留角度大的弱枝当头，有助于生长势的缓和。生长季节随时抹掉枝背发生的芽，均可缓和其长势，减少徒长枝的发生。

4. 修剪的顺序 高大乔木的修剪应按照由上向下、由外向内的顺序进行修剪。

5. 修剪程序及工序 树木修剪程序概括为：一知、二看、三剪、四拿、五处理、六保护。

- 一知：坚持上岗前年年培训，使每个修剪人员知道修剪操作规程、规范及每次（年）修剪的目的和特殊要求。包括每一种树木的生长习性、开花习性、结果习性、树势强弱、树龄大小、周围生长环境、树木生长位置（行道、庭荫等）、花芽多少等都在动手修剪前讲清楚、看明白，然后再进行操作。

- 二看：修剪前，先观树木，从上到下，从里到外，四周都要观察，根据对树木"一知"情况，再看上一年修剪后新生枝生长强弱、多少，决定今年修剪时，留哪些枝条，决定采用短截还是疏枝，是轻度还是重度，做到心中有数后，再上树进行修剪操作。

- 三剪：根据因地制宜、因树修剪的原则，应用疏枝、短截两种基本修剪方法或其他辅助修剪方法进行修剪操作。
- 四拿：修剪下的枝条及时集中运走，保证环境整洁。
- 五处理：枝条要求及时处理，如烧毁、粉碎、深埋等防止病虫蔓延。
- 六保护：疏除靠近树干大枝时，要保护皮脊（主枝靠近树干粗糙有皱纹的膨大部分），在皮脊前下锯，伤口小、愈合快。锯口涂抹保护剂。
- 工序：

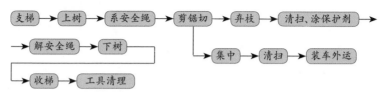

6. 修剪工具　树木修剪的工具有：链锯、剪枝剪、高枝锯(剪)、手锯、修枝刀。辅助工具有：梯子、安全绳。

- 链锯：链锯有电动和燃油两种动力方式，燃油式链锯，也叫油锯。
- 剪枝剪的使用方法：一般常用的剪枝剪为普通型剪枝剪，也称为鹦鹉型或交叉型。与剪刀的动作差不多，当一叶片通过另一片时，则进行切割。大多数剪枝剪是为惯用右手设计的，但也有适合用于惯用左手的剪枝剪，而使"左撇子"修剪成为更加容易和舒适的工作（示意图见下页）。剪枝剪必须是锋利的，以便能够轻松和正常地使用。剪枝剪一般只能切割3cm以下的枝条。另外有一种长柄的剪枝剪可剪掉5cm以下的枝条，但在树上使用起来不甚方便。
- 高枝剪（锯）使用方法：高枝剪（锯）一般是用在对较高树木外层枝条进行切割的一种工具，是将剪或锯的头部安装在可不断连接延长的一根轻金属杆上，剪头用拉绳控制开合以切割树枝。切记不要切割超过3cm以上的枝条，需切割3cm以上的枝条时，需剪头换上锯头进行锯切。如需切割5cm以

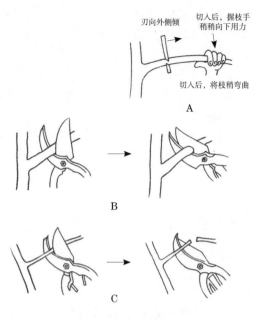

刃向外侧倾
切入后，握枝手稍稍向下用力
切入后，将枝稍弯曲

A

B

C

剪枝剪使用示意图

A. 剪刀与手的配合
B. 粗 1cm 以上小枝，用力稍稍转动刀刃
C. 粗 1cm 以内的小枝，用刀刃中部剪

上的枝条时需按切割大枝的方法分段切割。

- 修枝锯使用方法：修枝锯也叫手锯，有直柄固定式和折叠式两种。修枝锯使用时用力的方向与木工锯的用力方向相反，是先向前切、后向后割，往返运动，直至锯断树枝。锯大枝时需按切割大枝的方法分段切割。修枝锯必须是锋利的，手柄必须干燥、清洁。修枝锯使用完毕后要将锯片擦干净并抹上一层薄薄的油。

7. 修剪工艺

- 剪口芽的选择及操作：修剪各级骨干枝的延长枝时，应注意选择健壮的叶芽。短截枝条剪口应选在叶芽上方 0.3～0.5cm 处，剪口应稍斜向背芽的一面。剪口芽的正确的剪法是：剪口斜切面与芽方向相反，其上端与芽端相齐，下端与芽腰部齐，剪口面不大，利于水分养分对芽疏导，剪口芽不会干枯，能很快愈合，芽也会抽梢良好。

- 剪口芽的方向的选择：芽的位置是引领伸长枝生长的方向。根据树冠整形要求和实际环境条件，决定留哪个方向的芽。一般是垂直生长的干，短截留芽应与上一年的方向相反，保证延长枝不偏离主轴，侧方斜生枝剪口芽留外侧或树冠空疏处的芽。水平生长的枝，短截时应选留向上生长的芽。

- 疏枝的位置选择：落叶乔木疏枝剪口应与树干平齐不留桩，流胶、流油的树种如松类、山桃等疏枝应留 3～5cm 的桩，便于伤口愈合。灌丛型花灌木如黄刺玫、蔷薇、珍珠梅疏枝剪口应尽可能与地面平齐。

- 伤口的保护措施：细小枝条因伤口小、愈合封口较快，病害侵染机会少，可不做处理。较大伤口的处理，要用快刀修平，不使伤口有毛糙的锯茬。大树枝和树液多的树木在修剪后，伤口容易腐烂，应先以 2%～5% 的硫酸铜溶液或 0.1% 的升汞水溶液进行截口消毒，然后涂上防腐剂将伤口封闭，以防雨水、病菌侵入、烈日暴晒而影响剪口愈合，截切时须注意不要伤及相邻保留的枝芽。伤口保护常用油漆代替，不科学合理。现介绍两种配方供参考：①一般常用保护剂：用动物油 1 份、松香 0.7 份、蜂蜡 0.5 份，加热熔化拌均匀。②松香清油合剂：松香、清油各一份。先将清油加热至沸，再将松香粉加入搅拌即可。

8. 安全措施

- 作业人员自身安全防范：①作业人员按规定穿好工作服、工作鞋，戴好安全帽、防护眼镜、系好安全绳等。剪枝剪修枝锯要佩带安全。②操作时精力集中，不许打闹谈笑，上树前不许饮酒。③身体条件差、患有高血压及心脏病者，不准上树。④按规范要求操作，如攀树动作、大树作业修剪程序等要由老带新培养技能。

- 组织管理安全措施：①安全组织完善：设安全质量检查员、技术指导员、交通疏导员。②现场组织严密：工具材料，机械设备，园林垃圾，施工区、道路安全区等安排有序。③调度指挥合理：五级以上大风不可上树，停止作业。截除大枝要由有经验的老工人统一指挥操作。多人同在一树上修剪时，注意协作，避免误伤同伴。公园及路树修剪，要有专人维护现场，树上树下相互配合，防止砸伤行人和过往车辆。在高压线附近作业，要特别注意安全，避免触电，需要时请供电部门配合。路树修剪应和交管人员协作，设定禁行安全标志。要有交通疏导员配合作业。

- 机械及工具安全：①保证工具、器具、机械的完好率。如升降机、油锯等事先进行全面检查和维护保养。②工具使用安全规范：梯子必须牢固，要立得稳，单面梯将上部横档与树身靠牢，人字梯中腰拴连接绳，角度开张适当。上树后作业前要系好安全绳，手锯绳套拴在手腕上。修剪工具要坚固耐用，防止误伤或影响工作。使用高车修剪，要支放平稳，操作过程中，听从专人指挥。

2.1.1.3 打雪、堆雪

1. 打雪

- 要求：根据降雪情况及时组织打雪和堆雪工作。降雪并伴随湿度大、降温幅度大时，一般未落叶的落叶树种、常绿树种、竹类和绿篱类均需进行打雪工作。降雪并伴随湿度大、降温不明显时，竹类常绿树种均需进行打雪工作。降雪但湿度不大、降温不明显时，竹类、常绿树种中雪松、桧柏球类均需进行打雪工作。以上情况均指降雪较大时的工作。如降雪量不大，或遇降雪随化时，可不进行打雪工作。
- 使用工具：各种长度的竹竿、扫帚、推雪板、平锹。
- 工序：观察雪情 → 击打 → 堆积 → 清扫。
- 安全措施：施工人员戴手套、穿雪地防滑鞋，并头戴安全帽，身着防寒服。竹竿长度及粗度适合施工人员的把握力。配备看护人员照顾过往行人及车辆的安全，防止落雪碰到行人及车辆。严禁用落雪打闹嬉笑。

2. 堆雪 堆雪是将无融雪剂和其他污染的降雪堆积到植物根部的措施。
- 使用工具：推雪板、平锹、扫帚。
- 工序：确定堆积点 → 推雪 → 清扫。
- 安全措施：严禁用落雪打闹嬉笑。施工人员戴手套，足穿雪地防滑鞋，身着防寒服。推雪时要注意过往行人及车辆。

2.1.1.4 清理融雪剂，检查、修复、加固风障

2.1.2 一月
平均气温 -4.7℃，极端最高气温 10.7℃，极端最低气温 -22.8℃，地温 -5.5℃，相对湿度 44%，降水量 2.6mm。

2.1.2.1 防治病虫害
1. 打槐豆 主要措施是打掉国槐树上的槐豆并进行处理。
- 防治对象：国槐小卷蛾 (国槐叶柄小蛾、槐小蛾)，它为害的主要树种有：国槐、龙爪槐、蝴蝶槐。
- 防治方法：用竹竿将国槐枝条上的种子击打落地，清扫集中并销毁。
- 质量标准：树下、树上结合击打；击打干净；及时清扫，并将粘在地面的种子一并清除。
- 操作流程：树上、树下击打 → 清扫集中 → 销毁。
- 环保安全措施：设专人疏导行人车辆。上树人员着防寒服、戴手套、穿防滑鞋、系安全带。安全带系法同刷虫的措施。及时清理粘在鞋底上和地面的种子，以防滑倒。分段施工，及时清理场地。
2. 其他防治项目 同十二月防治病虫害的内容。

2.1.2.2 乔木整形修剪（内容同十二月份）

2.1.2.3 打雪、堆雪（内容同十二月份）

2.1.2.4 清理融雪剂，检查、修复、加固风障

2.1.2.5 清理绿地卫生，及时摘除树挂

2.1.2.6 视天气情况进行绿地补水，尤其是"元旦、春节期间"

2.1.3 二月

平均气温 −2.3℃，极端最高气温 18.5℃，极端最低气温 −27.4℃，地温 −2℃，相对湿度 49%，降水量 7.7mm。

2.1.3.1 草坪及宿根花卉补水

补水浇灌方式以漫灌为主，以产生径流时即可停止灌溉。

补水期间正值冬季，要注意防止灌溉时水溢出灌溉范围，形成结冰，产生滑跌现象。

每天补水结束时要将管道内的存水做回水处理。防止管道及设备冻损。温度过低时用水车补水。桧柏等常绿树可进行喷水。

补水期间要与检修灌溉设备同时进行，为春水浇灌做好准备。检查内容包括喷头的完好状态、取水阀的完整状态、控制阀的关启状态、回水阀的完整状态、管道的损毁情况及各类井盖的保存状态。检查完毕后一定要做好管道及设备的回水处理。

2.1.3.2 防治病虫害

1. 防治对象：日本履绵蚧（草鞋蚧）
   * 为害的主要树种：柳、槐、白蜡、臭椿、柿、樱花、玉兰、黄刺玫、月季。
   * 防治方法：在树干 1m 左右绑缚 20cm 塑料环。在树干 1m 以下扑撒 25% 西维因可湿性粉剂药环。
   * 质量要求：塑料环黏结要完全闭合，并要黏结牢固。扑撒粉剂时要围绕树干均匀扑打，不得遗留空白。
   * 环保安全措施：要身着工作服，戴手套，面戴口罩。防止药物遗撒在非树干区。四级风（含）以上不得扑撒。施工完毕，清洗服装、手套、口罩。冲洗身体暴露部位。黏结塑料环，外表光滑，不得有褶皱。

2. 防治对象：油松毛虫。
   - 为害的主要树种：油松、樟子松。
   - 防止方法：在树干 1m 左右绑缚宽 20cm 的塑料环。
   - 质量要求：环保及安全措施同防止草鞋蚧的标准。
3. 挖蛹、刷虫（同十二月份）。
4. 清除残枝落叶（同十二月份）。

2.1.3.3 树木整形修剪（同十二月份）

2.1.3.4 打雪、堆雪（同十二月份）

2.1.3.5 清理融雪剂，检查、修复、加固风障

2.1.3.6 民工陆续回来，进行上岗证书和安全教育

2.1.3.7 节日期间防火

2.1.3.8 草坪清除枯草
1. 使用工具 竹耙、扫帚、平锹。
2. 操作要求
   - 将草坪分条逐块搂除枯草层。
   - 将枯草集中，装入垃圾袋，装车进行无害化处理。
3. 质量要求
   - 枯草要搂净。
   - 清扫干净不遗落。
4. 环保措施 四级风（含）以上不得施工。

2.1.3.9 草坪施返青肥
标准及要求见本书第四部分"草坪养护管理"中的有关内容。

2.2 春季阶段

3月、4月气温、地温逐渐升高，树木开始发芽展叶，进入萌动期（植物萌动期：萌动期就是已出现生长迹象但是还没有发芽的时期）。

2.2.1 三月

平均气温4.4℃，极端最高气温24.4℃，极端最低气温 −12.5℃，地温5.7℃，相对湿度52%，降水量9.7mm。

2.2.1.1 浇春水

1. 3月浇水种类
   - 乔木的中龄树、幼龄树及全部常绿树、古树、草坪。
   - 全部灌木。
   - 全部色带、绿篱、宿根花卉及草坪。
2. 适时、适度、适树浇水　在雨雪量正常的年份，北京春季、初夏和秋季干旱，表现在三、四、五、六、九、十、十一月份，降水量在70mm以下，因此需要人工大量浇水，以满足植物生长的需要。在暖冬的气候条件下，还需要在冬季对草坪和地被植物、宿根花卉进行补水，补水的时间一般在二月中下旬。三月至六月份树木已经发芽展叶，进入生长旺盛时期，需水量最大，而这时恰恰是北京的干旱季节之一，雨水稀少，因此浇水是唯一供给树木生长的措施。冷季型草坪更需要浇灌好返青水，使植物正常发芽生长，在土壤化冻后对植物进行的灌溉要保证地表10cm以下潮湿，引导根系向纵深发育，增强生长季的抗旱能力。要注意不要使地表总保持水湿状态，要做到所谓"见干见湿"。浇水时树木和草坪要一次浇透水，不要浇"半截水"。浇透水的标准为乔木要使水能渗透到40～60cm，草坪能渗透到10cm以下。关于浇水的次数应按照北京市《城市园林绿化养护管理标准》中的规定进行操作。对于这个规定也要灵活掌握。近几年干旱强度大，浇水的次数就不一定限制在这个标准下，而要灵活变通，随着气候的变化而变化。总之，要以有利于树木草坪的健壮生长为目的。盛夏季时期草坪浇水要特别注意，在气温干热状况时，禁止午间和傍晚及夜间浇水。

各级别品种浇水次数

级别	类别		浇水（次）
特级	乔木		15
	灌木		15
	绿篱		10
	一、二年生草花		15
	宿根花卉		20
	草坪	冷季型	25
		暖季型	15
一级	乔木		10
	灌木		10
	绿篱		8
	一、二年生花卉		10
	宿根花卉		15
	草坪	冷季型	20
		暖季型	10
二级	乔木		8
	灌木		6
	绿篱		5
	一、二年生草花		8
	宿根花卉		10
	草坪	冷季型	15
		暖季型	10

冬季浇水分为浇冻水（为植物安全越冬，在土壤封冻前对植物进行的灌溉）和补水。浇冻水的时间要根据天气情况来确定，一般的要求是在室外开始结冰时也就是俗称见冰碴时，即开始灌溉。由于近几年冬季经常出现暖冬现象，造成了土壤中水分过多损失，因此在一月、二月中下旬，对地被植物要进行补水，以补足蒸发掉的水分。

3. 浇水的方法

- 漫灌：是把出水口放在一点上，让其形成径流向四周渗润。待土壤湿润后再移放到另一处。漫灌虽然省事，但往往由于草坪地表面的不平和草坪草的阻力造成灌溉不均匀，还会造成水的浪费。

- 浇灌：多指用人工浇淋，其特点是灵活性强，但工作效率低，浇灌不平均。

- 喷灌：通过加压，由喷头把水喷射到草坪上。其特点是工作效率高，但有可能因喷头的设置不合理及风向等因素导致喷洒不平均。

不同的植物对水分的要求也不同，因此应该根据不同的植物进行有针对性的浇灌。对于纯行道树和单纯的草坪或草坪、宿根混种的区域，可按不同情况分别制定浇灌方案。对于绿地植物配置呈复合型状态的绿地"分别进行不同的浇灌"的说法在理论上成立，但实际操作十分困难，往往以草坪灌溉为主，忽略乔木的需水的特性。造成乔木根系上浮，影响乔木健壮成长，还降低了乔木的抗风能力。因此，还要对乔木和大型灌木进行单独围堰，按标准进行灌溉。另外，对一些耐旱不耐涝的乔木，如栾树、丁香更应该注意防止浇灌草坪时使这类树木产生水量过大的现象。

4. 浇水时间的安排次序　草坪　→　宿根花卉　→　色带、绿篱　→　灌木　→　乔木。

5. 浇水工序　水源检修　→　开堰　→　浇灌　→　中耕　→　封堰。

6. 环保安全措施

- 软水管浇水：取水井井盖打开后首先要设置锥桶或移动式防护栏。软水管接口绑牢后，缓慢打开节门，检查接口是否绑牢，以及有无渗透和漏水处。如有渗透漏水情况，应及时关闭节门，进行更换或修复。直至无渗漏，方能进行灌溉。软水管放置要与道路顺行，并依靠在路牙侧。横穿道路时要与道路呈直角水平放置。取水井盖盖好后要检查井盖是否盖实，防止井盖被压翻。最后将锥桶或防护栏回收。

- 取水阀取水、喷灌带浇水：要求同软水管浇水的操作标准。

2.2.1.2 防治病虫害

1. 防治方法
   - 喷药防治

防治对象	为害树种和所在部位	备注
大玉坚介壳虫	国槐等树的枝条上	
槐坚介壳虫	刺槐等树上	
侧柏蚜虫	侧柏枝叶上	
松大蚜	松树枝、叶上	
双条杉天牛	柏树枝、干皮缝处	
苹果黄蚜虫	苹果、海棠等树的嫩梢上	
元宝枫蚜虫	元宝枫枝条的芽缝处	
栾树蚜虫	栾树枝条的芽缝处	
黄刺玫蚜虫	黄刺玫枝条的芽缝处	
桧柏锈病	桧柏枝上	

   - 捕杀

防治对象	为害树种和所在部位	备注
桑刺尺蠖	刺槐等树上	

   - 修剪

防治对象	为害树种和所在部位	备注
元宝枫蚜虫	元宝枫枝条的芽缝处	
栾树蚜虫	栾树枝条的芽缝处	
黄刺玫蚜虫	黄刺玫枝条的芽缝处	

2. 喷药防治的质量标准　喷药防治是将农药与水按一定要求的比例配成药液，通过喷雾机械化并均匀喷洒在植物上的一种施药方法。喷雾施药的质量要求有：
   - 喷雾施药要求配置的药液要均匀一致。高大树木通常使用高压机动喷雾机喷雾，矮小花木常用小型机动喷雾机或手压喷雾器喷雾。
   - 喷药时必须尽量成雾状，叶面附药均匀，喷药范围应互相衔接，"上下内外要打到"，"喷得仔细，打得周到"，达到"枝枝有药，叶叶有药"，打一次药，有一次效果。

- 使用高射程喷雾剂喷药，应随时摆动喷枪，尽一切可能击散水柱，使其成雾状，减少药液流失。
- 喷药前应做好虫情调查，做到"有的放矢，心中有数"，喷药后要做好防治效果检查，记好病虫防治日记。
- 配药浓度要准确，应按说明书的要求去做。严格遵守其中的"注意事项"，对于标签失落不明的农药勿用，防止发生药害。

3. 喷药防治环保安全措施
- 施药人员由养护队选拔工作认真负责、身体健康的青壮年担任，并应经过一定的技术培训。
- 凡体弱多病者，患皮肤病和农药中毒及其他疾病尚未恢复健康者，哺乳期、孕期、经期的妇女，皮肤损伤未愈者不得喷药或暂停喷药。喷药不准带小孩到作业点。
- 施药人员在打药期间不得饮酒。
- 施药人员打药时必须戴防毒口罩，穿长袖上衣、长裤和鞋、袜。在操作时禁止吸烟、喝水、吃东西，不能用手擦嘴、脸、眼睛，绝对不准互相喷射嬉闹。每日工作后喝水、抽烟、吃东西前要用肥皂彻底清洗手、脸和漱口。有条件的应洗澡。被农药污染的工作服要及时换洗。
- 施药人员每天喷药时间一般不得超过 6h。使用背负式机动药械，要两人轮换操作。
- 操作人员如有头痛、头昏、恶心、呕吐等症状时，应立即离开施药现场，脱去污染的衣服，漱口、擦洗手和脸皮肤等暴露部位，及时送医院治疗。

4. 使用工具
- 背负式打药机。
- 通用汽油机 GXV160。

5. 喷雾农药的配置与计算 喷雾农药一般均需按防治对象的要求将农药进行兑水稀释到规定的浓度，再进行喷雾。农药稀释的步骤如下：
- 第一次稀释：将农药（包括乳油、乳剂、可湿性粉剂）倾倒入 5~10L 的塑料桶内，然后用水勾兑，并搅拌均匀，倒入已灌了半药箱水的药箱内。
- 第二次稀释：将剩余半药箱注水到规定的浓度。
- 用清水洗涮药瓶，将残液倒入药箱。
- 将洗涮后空药瓶的瓶盖拧紧后，装入包装物中。
- 将回收的空药瓶与领出的数量进行核对，无误后回收。

注意：无论使用何种机械进行喷药后，都要对残留的药液进行清除。对使用的机械进行清洗，如：水箱、喷撒器、连接管、泵等。

2.2.1.3 修剪

①春季开花的灌木，应花后修剪，夏季多次复剪。

②夏季开花的花灌木，可在冬季修剪，但是最好不要在深冬，最佳时期是早春发芽前。

③整形修剪，另当别论，首先考虑整理树形，其次照顾观花效果。

三月可修剪树种有：桧柏类、油松、侧柏、华山松、云杉、龙柏、雪松、毛白杨、西府海棠、新疆杨、核桃、泡桐、凤尾兰、锦带花、月季、棣棠、玫瑰、牡丹、山桃、香椿、寿星桃、沙地柏、草坪。

注意：养护月历之列示当月可修剪的树种的名称。修剪的方法已按树种名称列示在修剪各论和草坪养护管理的条目内。

2.2.1.4 施肥

进入春季，树木开始发芽展叶，地被植物开始返青，各种植物进入萌芽期。针对植物在这一期间耗用水和肥的量都很大的特点，除了保证灌溉外，还可进行一次施肥。施肥方法为灌施。在有条件的地方可灌施有机肥，无条件的地方灌施无机肥。其中可灌施的植物有：银杏、雪松、柿、垂柳、玉兰、紫叶李、山楂、龙爪槐、玫瑰、丁香、紫荆、桃类、连翘、迎春、紫藤、地锦、牡丹、玉簪、草坪等。

具体的操作详见本书第四部分"施肥技术"中的有关内容。

2.2.1.5 补植

具体操作详见《园林绿化施工便携手册》一书中的相关条目。

2.2.1.6 检查、修复、加固风障

2.2.1.7 草坪养护管理

1. 继续搂除枯草层
   - 使用工具
   - 操作要求
   - 质量要求
   - 环保措施

   以上 4 项均见二月草坪清理的内容。
2. 镇压草坪 用 60～200kg 的手推碌或 80～500kg 的松动碌轮在草坪上来回镇压。
3. 浇返青水 标准及要求见 P32 "适时、适度、适树浇水"。
4. 返青后施追肥一次 标准及要求见本书第四部分 "草坪养护管理" 中的有关内容。
5. 修剪 标准及要求见本书第四部分 "草坪养护管理" 中的有关内容。

2.2.2 四月

平均气温 13.2℃，极端最高气温 31.1℃，极端最低气温 –2.9℃，地温 15.8℃，相对湿度 48%，降水量 22.41mm。

2.2.2.1 浇春水

内容同三月份。

2.2.2.2 防治病虫害

1. 防治方法
   - 喷药防治

防治对象	为害树种和所在部位	备注
山楂红蜘蛛	苹果、桃、海棠等树的芽、叶上	
松、柏红蜘蛛	桧柏吐新芽 4mm 左右，油松新梢平均 4cm	
桃蚜	梅、碧桃等树芽、叶上	
白蜡囊介壳虫	白蜡树的枝、干上	

（续）

防治对象	为害树种和所在部位	备注
毛白杨锈病	毛白杨枝条上	
月季长管蚜	月季花蕾、芽、叶上	
紫薇绒蚧	紫薇枝、干上	
桑刺尺蠖	刺槐等树叶上	
东方金龟子	各种树叶上	
桃球介壳虫	桃等枝条上	
蜗牛、蛞蝓	各种植物	地面撒石灰粉
杨枯叶蛾	杨树枝、干上	
杨尺蠖	杨树枝、叶上	
梨星毛虫	梨、海棠等枝叶上	
杨黄卷叶蛾	杨树叶上	
天幕毛虫	杨等树叶上、枝上	
柏毒蛾	柏树叶上、干上	
大青叶蝉	杨、柳苹果等树上	
杨透翅蛾	杨、柳枝、干虫瘿内	
玫瑰锈病	玫瑰枝、干上	
玫瑰茎蜂	玫瑰新梢	
白粉虱	串红等花卉上	
青杨天牛	毛白杨等杨树	
毛白杨瘿螨	上年生的枝条上带螨的芽	
毛白杨长白蚧	毛白杨枝、干上	
苹果红蜘蛛	苹果、海棠树叶上	
毛白杨瘿螨	毛白杨枝条上出现瘿芽内	
竹裂爪螨	竹叶上	
松纵坑切梢小蠹	松树枝、干上	
柳树蚜虫	柳树叶上	
黄尾白毒蛾	海棠等树叶上	
毛白杨锈病	毛白杨枝条叶上	
榆绿金花虫	榆树树叶上	

（续）

防治对象	为害树种和所在部位	备注
榆毒蛾	榆树树叶上	
柳叶蜂	柳树叶上	
柳瘿蚊	柳树枝梢上	
杨白潜叶蛾	杨、柳树叶上	
柳厚壁叶蜂	柳叶内	
海棠锈病	海棠叶片	
国槐腐烂病	国槐苗木干部	树干涂白
毛白杨蚜虫	毛白杨叶背面	
柳细蛾	柳树叶内	
黄杨绢野螟	黄杨树冠上缀叶中	
黄点直缘跳甲	黄栌树叶	
芍药褐斑病	芍药、牡丹叶片	
元宝枫细蛾	元宝枫树卷叶内	
海棠锈病	海棠树叶片	

- **捕杀**

防治对象	为害树种和所在部位	备注
蜗牛、蛞蝓	各种植物	

- **诱杀**

防治对象	为害树种和所在部位	备注
蜗牛、蛞蝓	各种植物	地面撒石灰粉
柏肤小蠹	柏树枝、干上	诱杀

- **清水清洗**

防治对象	为害树种和所在部位	备注
山楂红蜘蛛	苹果、桃、海棠等树的芽、叶上	
桃蚜	梅、碧桃等树芽、叶上	
朱砂叶螨	槐、椿等树叶上和花卉叶上	

（续）

防治对象	为害树种和所在部位	备注
毛白杨长白蚧	毛白杨枝、干上	
苹果红蜘蛛	苹果、海棠树叶上	
青桐木虱	青桐枝叶上	
毛白杨蚜虫	毛白杨叶背面	

- **修剪**

防治对象	为害树种和所在部位	备注
玫瑰锈病	玫瑰枝、干上	
毛白杨瘿螨	上年生的纸条上带螨的芽	
毛白杨瘿螨	毛白杨枝条上出现瘿芽内	
毛白杨锈病	毛白杨枝条叶上	
柳厚壁叶蜂	柳叶内	
梨小食心虫	碧桃、桃枝梢	

2. 喷药防治质量标准　内容同三月份。
3. 喷药防治环保措施　内容同三月份。
4. 使用工具
   - 背负式打药机
   - 通用汽油机 GXV160
   - 黑光灯
   - 性诱剂

   喷雾农药的配置与计算见三月份。

2.2.2.3 修剪

可修剪植物品种有：桧柏类、油松、华山松、云杉、龙柏、雪松、侧柏、毛白杨、西府海棠、新疆杨、沙地柏、凤尾兰、迎春、榆叶梅、黄刺玫、牡丹、绿篱色带类及草坪。

养护月历只列示当月可修剪的树种，具体内容详见本书第二部分"修剪篇"和本书第四部分"草坪养护管理"中的内容。

2.2.2.4 施肥

　　草坪施肥详见本书第四部分"草坪养护管理"中有关内容。其他植被在 3 月末施完的品种继续实施。

2.2.2.5 拆除风障，清理残枝落叶

　　目前常搭设的风障一般分为三类：一类是管架式风障，一类是棚架式风障，一类是缠裹式风障。

1.　管架式风障拆除

- 管架式风障拆除工序：按照由上而下、先搭后拆的原则进行拆除。拆除的工序是：拆除无纺布（彩条布）→ 拆除缆风绳（线）→ 拆除上部横杆 → 拆除斜拉杆 → 拆除连接杆 → 拆除撑杆 → 拆除下部横杆 → 拆除扫地杆 → 拆除地脚钢管 → 钢管扣件、铁丝、钢丝绳、无纺布分类收集 → 装车回运。
- 环保安全措施：设置作业区围设警戒线，地面设有专人指挥，严禁非工作人员入内。作业人员必须戴安全帽，系安全带，穿防滑鞋。拆立杆时，先抱住立杆再拆开最后两个扣。拆除大横杆、斜撑、剪刀撑时，先拆中间扣，然后拖住中间，再解端头扣。拆除时要统一指挥，上下呼应，动作协调，当解开与另一人的结扣时，要通知对方，以防坠落。拆除附近有外线电路时，严禁架杆接触电线。拆架过程中，不得中途换人。如必须换人时，要将拆除的细节交代清楚。
- 使用工具：活动扳手、钢丝钳、铁锹、捆扎绳、大锤。

2.　棚架式风障拆除

- 工序：拆除无纺布（彩条布）→ 拆除固定铁丝 → 拆除木骨架 → 填平穴坑 → 捆绑材料 → 装车回运。
- 环保安全措施：设置作业区，拆下的木骨架上的铁钉要砸折，随拆随捆绑拆下的材料并及时装车。
- 使用工具：钢丝钳、捆扎绳、大锤。

3.　缠裹式风障拆除

- 工序：解除铁丝 → 摘除无纺布 → 捆绑材料 → 装车运回。
- 环保安全措施：设置作业区。
- 使用工具：钢丝钳、捆扎绳。

2.2.2.6 补植

详见《园林绿化施工便携手册》。

2.2.2.7 草坪养护管理

1. 浇水
2. 施肥
3. 修剪

详细的内容见本书第四部分"草坪养护管理"中的有关内容。

2.3 初夏阶段

这一阶段气温渐渐上升，湿度小，树木生长旺盛，进入生长期（一年中显著可见的生长期间，称为生长期）。

2.3.1 五月

月平均气温 20.2℃，极端最高气温 38.3℃，极端最低气温 2.5℃，地温 24.5℃，相对湿度 51%，降水量 36.1mm。

2.3.1.1 浇水

内容同三月份。

2.3.1.2 防治病虫害

1. 防治方法
   - 喷药防治：

防治对象	为害树种和所在部位	备注
国槐潜叶蛾	国槐树及附近建筑物上	
槐蚜虫	槐树新梢	
桃瘤蚜	榆叶梅树叶上	
斑衣蜡蝉	臭椿等树上	
油松毛虫	油松枝叶上	
桑白介壳虫	国槐、臭椿、桃等树的枝干上	

（续）

防治对象	为害树种和所在部位	备注
海棠腐烂病	海棠树干、树枝上	
国槐长夜蛾	国槐枝、叶、干上	
杨树枝天牛	杨树二年生枝条内	
樱花穿孔病	樱花等叶片	
国槐木虱	国槐枝新梢	
杨溃疡病	杨、柳树的枝、干	
黄栌木虱	黄栌的枝、梢上	
栾树蚜虫	栾树嫩枝叶上	
碧皑袋蛾	刺槐等树	
桃粉蚜虫	桃树叶背面	
松针枯病	松树针叶	
侧柏叶凋病	侧柏叶	
国槐尺蠖	国槐树叶	
国槐木蠹蛾	国槐、丁香、白蜡、银杏等树的枝、干	
柳木蠹蛾	杨、柳、榆的枝、干	
杨天折蛾	杨、柳树叶	虫小时打虫包
舞毒蛾	黄栌、杨等树叶	
牡丹根线结虫病	牡丹、月季、仙客来等	
杨柳红蜘蛛	杨、柳等树叶	
国槐红蜘蛛	国槐、龙爪槐树叶上	
核桃红蜘蛛	核桃树叶上	
杨小天蠹社蛾	杨、柳等树叶	
新刺轮盾蚧	月季茎上	
双尾天社蛾	杨、柳树叶上	
石榴刺粉蚧	石榴枝、叶上	
杨白潜叶蛾	杨、柳树叶内	
国槐潜叶蛾	国槐树叶内	
草鞋介壳虫	各种树木枝干和建筑物上	

（续）

防治对象	为害树种和所在部位	备注
黄杨粕片盾蚧	黄杨枝、叶上	
鸢尾软腐病	鸢尾等块茎、叶	注意块茎和土壤消毒
杨柳腐烂病	杨、柳等的枝、干	
柳瘤大蚜	柳树的枝、干	
绿芫菁	国槐树叶	
中国芫菁	国槐树叶	
白条芫菁	国槐树叶	
地老虎	播种幼苗	
黄杨矢尖蚧	黄杨等花卉的枝、叶上	
元宝枫细蛾	元宝枫卷叶内	
白粉虱	一串红、月季等花卉的叶背面	
瓦巴斯草锈病	瓦巴斯等冷季型草叶片	
榆绿金花虫	榆树叶上	
毛白杨潜细蛾	毛白杨等叶内	
松棉介壳虫	松梢松针、枝、干上	
柏肤小蠹	柏树枝上	
桃球坚介壳虫	海棠等树枝叶上	
大玉坚介壳虫	国槐等树枝上	
毛白杨长白蚧	毛白杨的枝干上	
杨、柳绵蚜	杨、柳树的枝干上	
双尾天社蛾	杨、柳树叶	
灰斑古毒蛾	玫瑰等叶	
臭椿皮蛾	臭椿的树叶	
松针介壳虫	油松、黑松、云杉等树的针叶上	
国槐天社蛾	国槐树叶	
刺角天牛	柳、槐等树干上	
月季黑斑病	月季等花卉叶片	

- **捕杀**

防治对象	为害树种和所在部位	备注
臭椿沟眶象	千头椿、臭椿树干上	
柳木蠹蛾	杨、柳树附近	

- **诱杀**

防治对象	为害树种和所在部位	备注
地老虎	播种幼苗	
美国白蛾	各种树干	

- **清水清洗**

防治对象	为害树种和所在部位	备注
杨柳红蜘蛛	杨、柳等树叶	
国槐红蜘蛛	国槐、龙爪槐树叶上	
核桃红蜘蛛	核桃树叶上	
柳瘤大蚜	柳树的枝、干	

- **修剪**

防治对象	为害树种和所在部位	备注
玫瑰茎蜂	玫瑰新梢	
梨小食心虫	碧桃、桃等新梢	
黄刺玫象鼻虫	在叶上虫瘿病	
楸螟	楸树枝梢	
泡桐丛枝病	泡桐树体内	
菟丝子	菊、月季等	随时清除

2. 喷药防治质量标准 内容同三月份。

3. 喷药防治环保安全措施 内容同三月份。

4. 使用工具 喷药防治使用的工具主要有背负式打药机、小三轮打药机、高压喷雾打药机。同时还应用黑光灯、性诱剂盒等器具。

2.3.1.3 修剪

五月可修剪的树种主要有：西府海棠、紫叶李、碧桃、寿星桃、樱花、迎春、丁香、玉兰、榆叶梅、牡丹、紫薇、云杉、国槐、五针松等。

具体内容详见本书第二部分"修剪篇"中有关内容。

2.3.1.4 追肥

详见本书第四部分中"施肥技术"内的有关内容。

2.3.1.5 中耕除草和除杂草

1. 中耕除草 中耕除草作业在 4～9 月份进行，长达半年之久。要坚持"除早、除小、除了"的原则。除早：是指除草工作要早安排、提前安排，只有安排并解决了杂草问题之后，其他作业如施肥、灌水等才有条件进行。除小：是指清除杂草从小草开始就动手，不能任其长大、形成了危害才动手，那时既造成了苗木损失，又增大了作业工作量。除了：是指清除杂草要清除干净、彻底，不留尾巴，不留死角，不留后患。

2. 除杂草 手工拔草：在大雨过后或灌水之后，将杂草的地上部分和地下部分同时拔出。

3. 质量要求 除草及时，达到"除早、除小、除了"的效果。除杂草要将杂草连根拔起，磕掉土后，即时集中，按养护等级标准中垃圾清理的要求及时清理。

2.3.1.6 草坪养护管理

1. 浇水
2. 施肥
3. 修剪
4. 病虫害防治
5. 打孔

以上五项详见本书第四部分"草坪养护管理"中相关内容。

2.3.2 六月

月平均气温 24.2℃，极端最高气温 40.6℃，极端最低气温 10℃，地温 28.9℃，相对湿度 60%，降水量 70mm。

2.3.2.1 浇水

内容同 3 月份。

2.3.2.2 病虫害防治

1. **防治方法**

   - **喷药防治**

防治对象	为害树种和所在部位	备注
松梢螟	油松枝梢	
卫矛尺蠖	卫矛树叶	
槐坚介壳虫	刺槐、白蜡树的枝、叶上	
梨圆介壳虫	刺槐、杨等枝、干上	
黄栌白粉病	黄栌树叶上	
紫薇长斑病	紫薇叶背面	
铜绿金龟子	各种树叶	
红蜘蛛	各种常绿、阔叶树叶	
国槐木虱	国槐树枝梢	
黄栌木虱	黄栌树枝梢	
二星叶蝉	地锦等叶背面	
柳天蛾	杨、柳树叶	
银纹夜蛾	一串红、菊花等花卉	
国槐叶柄小蛾	国槐、龙爪槐嫩枝	
紫薇绒蚧	紫薇枝、干上	
合欢吉丁虫	合欢树干、树冠上	
元宝枫红蜘蛛	元宝枫树叶上	
光肩星天牛	元宝枫、杨、柳树上	
榆绿金花虫	榆树干、枝上	
玫瑰锈病	玫瑰叶片上	
黄刺蛾	黄刺玫、紫荆树叶上	
茶黄螨	地锦等嫩枝	

（续）

防治对象	为害树种和所在部位	备注
杨小天社蛾	杨、柳树叶上	
杨天社蛾	杨、柳树叶上	
国槐尺蠖	国槐树叶	
泡桐灰天蛾	泡桐、丁香等树叶	
元宝枫细蛾	元宝枫卷叶内	
杨透翅蛾	杨、柳嫩枝、干	
柿绵介壳虫	柿树枝、叶	
月季黑斑病	月季、蔷薇的叶片	
柳细蛾	柳叶内	
梨星毛虫	梨、海棠、杏等树叶	注意防涝排水
国槐红蜘蛛	国槐树叶	
黄杨粕片盾蚧	黄杨枝叶	
合欢枯萎病	合欢树导管	
美国白蛾	众多树叶	

- 捕杀

防治对象	为害树种和所在部位	备注
黏虫	树丛、灌木丛、室内	
光肩星天牛	元宝枫、杨、柳树上	
国槐尺蠖	国槐附近土里	挖蛹杀死
杨透翅蛾	杨、柳枝干的虫瘿内	刺杀蛹
柳毒蛾	杨、柳树及建筑物上	
榆绿金花虫	榆树干、枝上	扫刷杀死
泡桐灰天蛾	泡桐、丁香等树叶	捕杀幼虫
国槐木蠹蛾	国槐、丁香、白蜡等树	
杨透翅蛾	杨、柳嫩枝、干	
樗蚕蛾	臭椿树附近	

- **诱杀**

防治对象	为害树种和所在部位	备注
光肩星天牛	元宝枫、杨、柳树上	灯光诱杀
柳毒蛾	杨、柳树及建筑物上	灯光诱杀

- **清水清洗**

防治对象	为害树种和所在部位	备注
紫薇长斑病	紫薇叶背面	
元宝枫红蜘蛛	元宝枫树叶上	
柳毒蛾	杨、柳树及建筑物上	

- **修剪**

防治对象	为害树种和所在部位	备注
梨小食心虫	碧桃、山桃、桃的新梢	

2. 喷药防治质量要求 内容同三月份。
3. 喷药防治环保安全措施 内容同三月份。
4. 使用器具
   - 背负式打药机
   - 通用汽油机 GXV160
   - 黑光灯
   - 性诱剂

2.3.2.3 灌木花后修剪

1. 灌木花后修剪的品种主要有：金银木、月季、棣棠、牡丹等。
2. 乔木修剪的品种主要有：侧柏、云杉、国槐、悬铃木、栾、千头椿等。
具体内容详见本书第二部分"修剪篇"中有关内容。

2.3.2.4 追肥

内容详见本书第四部分中"施肥技术"的有关内容。

2.3.2.5 除杂草

内容同五月份。

2.3.2.6 草坪养护管理

1. 浇水
2. 施肥
3. 修剪
4. 病虫害防治

以上四项详见本书第四部分中"草坪养护技术"的有关内容。

2.4 盛夏阶段

高温多雨，树木生长期。

2.4.1 七月

月平均气温 26℃，极端最高气温 39.6℃，极端最低气温 15.3℃，地温 29.4℃，相对湿度 77%，降水量 196.6mm。

2.4.1.1 排水防洪

北京地区七、八月份是雨水集中的月份，要随时警惕突降大雨、暴雨及大风等灾害的发生。在七月初组织抢险队伍，配备抢险的专用工具，配置雨衣、雨靴和夜间照明工具。

在七月初要将树堰封上，防止积水。

在长时间降雨或突降暴雨的情况发生时，要及时将积水导入排水管道中。

2.4.1.2 防治病虫害

1. 防治方法

   • 喷药防治

防治对象	为害树种和所在部位	备注
柳毒蛾	杨、柳树叶	
褐袖刺蛾	核桃、白蜡、元宝枫、海棠等树叶上	
扁刺蛾	核桃、白蜡、元宝枫、海棠等树叶上	
黄尾白毒蛾	海棠等树叶	
黏虫	草坪上	

（续）

防治对象	为害树种和所在部位	备注
槐坚介壳虫	刺槐、白蜡等枝、叶	
合欢雀蛾	合欢树叶	
榆毒蛾	榆树叶子	
绿刺蛾	杨、柳等树叶	
杨黄卷叶螟	杨树上	
杨透翅蛾	杨、柳幼嫩枝、干	
木橑尺蠖	黄栌等树叶	
杨枯叶蛾	杨树叶	
松梢螟	油松新梢	
元宝枫黄萎病	元宝枫、翠菊等树维管束	
紫荆枯萎病	紫荆等树维管束	
杨天社蛾	杨、柳树叶	
毛白杨根癌肿病	毛白杨、樱花根部	
杨小天社蛾	杨、柳树叶	
紫纹羽病	松、柏、槐等根、干基	毒土
美国白蛾	众多树叶	
卫矛尺蠖	卫矛树叶	
白纹羽病	柳等根和干基部	
白杨小潜细蛾	毛白杨等叶内	
柿绵介壳虫	柿树枝、叶	
桧柏锈病	海棠树上锈孢子开始传染桧柏嫩枝	
月季白粉病	月季、蔷薇等花卉	
国槐叶柄小蛾	国槐、龙爪槐嫩枝	
杨透翅蛾	毛白杨、新疆杨、柳树等叶枝上	
杨柳褐斑病	毛白杨、新疆杨、柳树等叶枝上	
灰斑古毒蛾	玫瑰叶等	
国槐天社蛾	国槐树叶	
银纹夜蛾	一串红等花卉叶子	

（续）

防治对象	为害树种和所在部位	备注
新刺轮盾蚧	月季茎上	
白粉虱	一串红、月季等叶背面	
白蜡黑斑病	白蜡树叶	
蔷薇叶峰	蔷薇等叶片	
毛白杨长白蚧	毛白杨等树枝、干	
黄杨矢尖蚧	黄杨等木本花卉上	
黄杨绢夜螟	黄杨树干上缀叶中	
松针介壳虫	油、松、云杉等针叶上	
杨、柳腐病	杨、柳枝干	
石榴刺粉蚧	石榴枝、叶、花蕾、果上	
元宝枫细蛾	元宝枫卷叶内	
油松毛虫	油松针叶	
一串红疫霉病	一串红、菊花茎叶等	注意排水，控制湿度

- 捕杀

防治对象	为害树种和所在部位	备注
红颈天牛	桃、山桃、榆叶梅上	
双尾天社蛾	杨、柳树干及建筑物上	捕蛹杀死
国槐天社蛾	国槐附近	
白蜡天蛾	白蜡树叶	
国槐尺蠖	国槐附近土里	挖蛹杀死
缀叶丛螟	黄栌叶	人工摘除虫巢
褐天牛	毛白杨、桑、苹果等树	
樗蚕蛾	臭椿树叶	

- 清水清洗

防治对象	为害树种和所在部位	备注
毛白杨长白蚧	毛白杨等树枝、干上	

2. 喷药防治质量要求 内容同三月份。

3. 喷药防治环保安全措施 内容同三月份。

4. 使用器具

- 背负式打药机
- 通用汽油机 GXV160
- 黑光灯
- 性诱剂

2.4.1.3 修剪

七月修剪的树种主要是：桧柏类、侧柏、龙爪槐以及紫薇、金银木、月季、榆叶梅、紫藤的花后修剪，具体要求详见本书"第二部分 修剪篇"中的有关内容。

俗话说"树大招风"，因此，在月初要进行国槐、毛白杨、刺槐、白蜡、千头椿、臭椿、新疆杨等枝叶繁茂的树木进行过密枝的疏剪，以减轻雨季中暴风雨对树木的损害。

2.4.1.4 中耕除草

内容同六月。

2.4.1.5 草坪养护管理

1. 浇水

2. 修剪

3. 病虫害防治

以上三项详见本书第四部分中"草坪养护管理"的相关章节。

2.4.2 八月

月平均气温 24.6℃，极端最高气温 38.3℃，极端最低气温 12.2℃，地温 27.4℃，相对湿度 80%，降水量 234.5mm。

2.4.2.1 排水防洪

同七月份。

2.4.2.2 防治病虫害

1. **防治方法**

   ● **喷药防治**

防治对象	为害树种和所在部位	备注
国槐尺蠖	国槐树叶	
杨白潜叶蛾	杨、柳树叶内	
国槐潜叶蛾	国槐树叶内	
海棠潜叶蛾	海棠、苹果树叶内	
紫纹羽病	刺槐、云杉等根部	
白纹羽病	柳树、芍药等根部	
双尾天社蛾	杨、柳树叶	
臭椿皮蛾	臭椿树叶	
桑白介壳虫	国槐、臭椿、桃树枝、干	
梨圆介壳虫	刺槐、杨等树枝、干	
柏毒蛾	侧柏、桧柏叶	
二星叶蝉	葡萄、地锦叶背面很严重	
黄栌白粉病	黄栌叶重复侵染严重	
柳天蛾	杨、柳树叶	
杨黄卷叶螟	杨、柳树叶	
银纹夜蛾	一串红等花卉叶片	
褐袖刺蛾	核桃、白蜡树叶	
美国白蛾	众多树叶	
扁刺蛾	核桃、白蜡等树叶	
柿绵介壳虫	柿树的枝、叶	
松尺蠖	桧柏树叶	
柳细蛾	柳树叶内	
黄刺蛾	黄刺玫、紫荆等树叶	
国槐天社蛾	国槐树叶	
榆树天社蛾	榆树叶	
槐坚介壳虫	刺槐、白蜡枝、叶	
国槐潜叶蛾	国槐叶片内	

（续）

防治对象	为害树种和所在部位	备注
合欢雀蛾	合欢树叶子	
杨小天社蛾	杨、柳树叶	
杨天社蛾	杨、柳树叶	
卫矛尺蠖	卫矛树叶	
白杨小潜细蛾	毛白杨等叶内	
蔷薇叶蜂	蔷薇等叶子	
光肩星天牛	柳、元宝枫等枝上	
石榴刺粉蚧	石榴枝、叶、蕾、果上	

- 捕杀

防治对象	为害树种和所在部位	备注
黑蝉	在毛白杨、柳树枝上产卵	
柳毒蛾	杨、柳或附近建筑物上	

- 修剪

防治对象	为害树种和所在部位	备注
梨小食心虫	碧桃、山桃、桃的新梢	

2.　喷药防治质量要求　内容同三月份。
3.　喷药防治环保安全措施　内容同三月份
4.　使用器具
- 背负式打药机
- 通用汽油机 GXV160
- 黑光灯
- 性诱剂

2.4.2.3 修剪

八月修剪的主要树种是：桧柏类、绿篱、色带、球类、国槐、龙爪槐、枣、珍珠梅、寿星桃、紫薇、贴梗海棠、月季、黄栌、紫藤类。具体内容详见本书第二部分"修剪篇"中的有关内容。

2.4.2.4 中耕除草

内容同七月。

2.4.2.5 草坪养护管理

1. 浇水
2. 修剪
3. 病虫害防治

以上三项详见本书第四部分中"草坪养护管理"的相关内容。

2.4.3 九月

月平均气温 19.5℃，极端最高气温 32.3℃，极端最低气温 3.7℃，地温 21.6℃，相对湿度 70%，降水量 63.9mm。

2.4.3.1 浇水

内容见三月份。

2.4.3.2 防治病虫害

1. 防治方法

   ● 喷药防治

防治对象	为害树种和所在部位	备注
芍药褐斑病	芍药、牡丹的叶片	
菊花斑枯病	菊花下部叶片	
杨白潜叶蛾	杨、柳树叶片内	
银纹夜蛾	一串红、菊花灯叶子	
军配虫	海棠、苹果、杜鹃等叶子	
美国白蛾	众多树叶	
黄尾白毒蛾	海棠等树叶	
柳叶甲	杨、柳树叶	
紫薇绒蚧	紫薇枝、干上	
松、柏红蜘蛛	松、柏树叶子	
阔叶树红蜘蛛	国槐、杨、柳、核桃、海棠、红叶李等树叶	

（续）

防治对象	为害树种和所在部位	备注
臭椿皮蛾	臭椿树叶子	
杨天社蛾	杨、柳树叶	
柳毒蛾	杨、柳树叶	
毛白杨蚜虫	毛白杨树叶背面	
白粉虱	一串红、月季等叶片	
大青叶蝉	在各种树枝、干上产卵	
柿绵介壳虫	柿树枝、叶、果上	
新刺轮盾蚧	月季茎上	
木蠹蛾	国槐、杨、柳等枝干内	
杨透翅蛾	杨、柳幼苗枝、干的虫瘿病	
黄杨粕片盾蚧	黄杨枝叶	

2.4.3.3　修剪

九月可修剪的主要树种有：桧柏类、毛白杨、核桃、杜仲、枣、紫薇、海棠、月季、珍珠梅等。另对主要道路及景区的干枝死权进行一次普通修剪。内容详见"修剪各论"中的有关章节。

2.4.3.4　施肥

内容详见本书第四部分中"施肥技术"的有关内容。

2.4.3.5　除草

内容同八月份。

2.4.3.6　草坪养护管理

1. 浇水
2. 施肥
3. 修剪
4. 病虫害防治

以上四项详见本书第四部分中"草坪养护管理"的相关内容。

2.5 秋季阶段

气温逐渐降低，树木陆续准备休眠越冬。

2.5.1 十月

月平均气温 12.5℃，极端最高气温 29.8℃，极端最低气温 −3.2℃，地温 13.1℃，相对湿度 66%，降水量 21.1mm。

2.5.1.1 浇水
内容同三月份。

2.5.1.2 防治病虫害
1. 防治方法

   - 喷药防治

防治对象	为害树种和所在部位	备注
桃粉蚜	碧桃、桃叶	
松大蚜虫	油松、白皮松上	
柏蚜虫	侧柏叶、枝上	
黄杨矢尖蚧	黄杨等木本花卉上	

   - 捕杀

防治对象	为害树种和所在部位	备注
国槐叶柄小蛾	钻入树皮缝或槐豆里过冬	挖树缝内幼虫，打掉槐豆处理

2.5.1.3 修剪
十月可修剪的树种主要有：雪松、栾树、新疆杨、核桃、月季、珍珠梅。具体内容详见本书第二部分"修剪篇"中的有关内容。

2.5.1.4 施肥
详见本书第四部分中"施肥技术"的有关内容。

2.5.1.5 草坪养护管理

1. 浇水
2. 施肥
3. 修剪
4. 病虫害防治
5. 打孔

以上五项详见本书第四部分中"草坪养护管理"的相关内容。

2.5.2 十一月

月平均气温 4.6℃，极端最高气温 22℃，极端最低气温 -10.6℃，相对湿度 57%，降水量 7.4mm。

2.5.2.1 浇水

内容见三月份。

2.5.2.2 防治病虫害

1. 防治方法

   - 喷药防治

防治对象	为害树种和所在部位	备注
桑白蚧	国槐、千头椿等枝、干上	
松大蚜虫	油松、白皮松上	
柏蚜虫	侧柏叶、枝上	
毛白杨蚜虫	毛白杨叶片上	
毛白杨长白蚧	毛白杨叶片上	
柳厚壁叶蜂	柳叶内	随时清扫刚落带瘿叶处理

2.5.2.3. 修剪

十一月可修剪的树种主要有：侧柏、雪松、五针松、新疆杨、马褂木、柿、卫矛、玫瑰、金银木、月季、黄刺玫、棣棠、红瑞木。

具体内容详见本书第二部分"修剪篇"中的有关章节。

2.5.2.4 施肥

详见本书第四部分中"施肥技术"的有关内容。

2.5.2.5 防寒

防寒项包括树木防寒和挡盐板安置的相关内容。

1. 防寒

- 管架式风障搭设要求及环保安全措施。钢管脚手架杆件应采用外径48mm，壁厚3.5mm的钢管，凡钢管表面有凹凸状、疵点裂纹、变形和扭曲等现象一律不准使用。每根钢管的两端切口须平直，严禁有斜口、毛口、卷口等现象。钢管还必须有出厂产品质量证明。扣件是专门用来对钢管脚手架杆件进行联接的，它有三种形式：①直角扣件：用于两管交叉呈90°联接，主要作大小横杆与立杆的联接之用。②回转扣件：也叫万向扣件，用于两管交叉任意角度联接，主要作斜杆接长、立杆双管互绑联接之用。③对接扣件：用于两管接长的对口联接，主要作立杆、大横杆、榍栅、防护栏杆接长之用。扣件应采用可锻铸铁，凡有变形、裂纹、砂眼等现象的扣件不得使用。脚手架基础。脚手架的地基必须平整夯实，有排水措施，架体一经搭设，其地基即不准随意开挖。钢管脚手架立杆的底脚应采用钢管底座，底座应垂直稳放在厚度不小于5cm的垫木或垫板上，搭设高度在30cm以下时，垫木采用长2～2.5m，宽大于20cm，厚5～6cm的木板，脚手架主要由立杆、大横杆、支撑（即斜撑、剪刀撑、抛撑），其主要杆件有：立杆：又叫立柱、冲天柱、竖杆、站杆等；大横杆：又叫牵杠、顺水杆、纵向水平杆等；斜撑；剪刀撑：又叫十字撑、十字盖；抛撑：又叫支撑、压栏子等；扫地杆：又叫底脚横杆；扣件式钢管脚手架。搭设时，相邻立杆的接头要错开，并布置在不同步距内，其接头距大横杆的距离不应大于步距地1/3。立杆的垂直偏差，架高30m以下不大于架高的1/200；立杆间距，纵向 H ≤ 1.8～2.0m，横向 1.2～1.5m。立杆与大横杆要用直角扣件扣紧，不能隔步设置或遗漏。剪刀撑：当架高在30m以下时，要在两端设置，中间每隔12～15m设一道，且剪刀撑应联系3～4根立杆，与地面的夹角成45°～

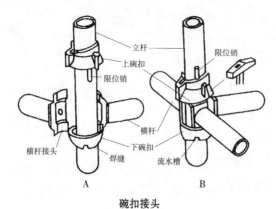

碗扣接头

A. 连接前；B. 连接后

60°；所有剪刀撑应沿架高连续设置,并在相邻两道剪刀撑之间, 沿竖向每隔 10~15m 高加设一组剪刀撑,并要将各道剪刀撑联接成整体,剪刀撑的两端除用旋转扣件与脚手架的立杆或大横杆扣紧外,中间还要增加 2~4 个扣接点,与之相交的立杆或大横杆扣紧。立杆基础处理应牢固可靠,垫木应铺设平稳,不能悬空。碗扣式钢管脚手架:碗扣接头是由上、下碗扣和限位梢直接焊在立杆向上滑动,待把横杆接头插入下碗扣圆槽内(可同时插四根横杆),随后将上碗扣沿限位梢滑下,用锤子沿顺时针方向敲击几下扣紧横杆接头,如上图。它的主要构配件有立杆、顶杆、横杆、斜杆和支座五种。验收的具体内容为:架子的布置;立杆、大、小横杆间距;架子的搭设和组装;架子的安全防护,安全保险装置必须有效,扣件和绑扎拧紧程度应符合规定;脚手架基础处理、作法、埋深必须正确和安全可靠。

- 棚架式风障搭设要求及环保安全措施:参照管架式风障的内容。
- 缠裹式风障搭设要求及环保安全措施:参照管架式风障的内容。

2. **防盐害** 在行道树快慢车分车带的绿地四边和靠行车道、人行道一侧的绿地边缘设置挡盐板,防止融雪剂流入和溅入绿地内。挡盐板的安置方法类似于风障的安置方法,其他要求也与搭风障的要求基本一样。主要区别在回收的挡盐板一定要将挡盐板擦洗干净,防止锈蚀和把融雪剂遗落在绿地内。

第二部分 修剪篇

1
综述

1.1 修剪树木树形的分类

　　修剪的原则之一是根据树种的品种特性，即"以树为师"的原则，其中各种树木的基本树形以及有无主轴是树种品种特性的重要体现。

　　目前主要修剪的乔木树形如下表：

树种	树形	树种	树形
云杉	狭圆锥形，有主轴	加杨	卵圆形，有主轴
雪松	圆锥形，有主轴	毛白杨	圆锥形，有主轴
华山松	圆锥形，有主轴	立柳	倒卵形，无主轴
白皮松	圆锥形、卵形，无主轴	垂柳	倒卵形，无主轴
油松	塔形、倒卵形、伞形，有主轴	核桃	倒卵形至扁球形，无主轴
侧柏	尖塔形、倒圆形，有主轴	国槐	圆形，无主轴
桧柏	尖塔形、圆锥形，有主轴	刺槐	椭圆球形、倒卵形，无主轴
银杏	倒卵形，有主轴	西府海棠	长圆球形，无主轴
新疆杨	圆柱形，有主轴	紫叶李	长圆球形、叶卵形、倒卵形，无主轴
榆树	圆球形，无主轴	杜仲	圆球形，无主轴
合欢	伞形，无主轴	臭椿	倒卵形，无主轴

（续）

树种	树形	树种	树形
千头椿	倒卵形，无主轴	元宝枫	伞形、倒卵形，无主轴
栾树	近圆球形，无主轴	柿子树	半圆形，无主轴
白蜡	卵圆形，无主轴	白桦	卵圆形，无主轴
卫矛	圆形、卵圆形，无主轴	龙爪槐	伞形，无主轴

　　一个树种的树形并非永远不变，这随生长而呈现规律的变化。一般所谓某种树有什么树形，大多是指正常生长环境下，其成年树的外形而言。有些老年树其形态必然有不同的变化。

1.2 有无主轴乔木修剪原则

　　有主轴树种要保护主轴优势；无主轴树种要有意培养主头。
　　树木树形的分枝特性和基本形状划分为下列四种方式：

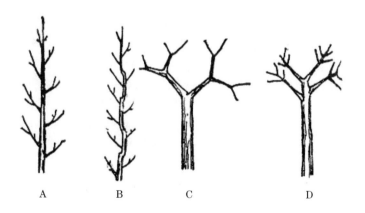

分枝方式
A.主轴分枝方式；B.合轴分枝方式；
C.假二叉分枝方式；D.多歧分枝方式

分枝特性不同的园林树木特点及修剪特点

分枝特性	代表树种	特　点	修剪特点
主轴分枝	雪松、桧柏、龙柏、水杉、油松、毛白杨、银杏等	树冠呈尖塔形或圆锥形的乔木，顶端生长势强具有明显的主干	控制侧枝、剪除竞争枝、促进主枝的发育，保留中央领导干
合轴分枝	榆树、刺槐、悬铃木、柳树、杜仲、国槐、香椿、白蜡、桃树、紫薇、樱花	易形成几个势力相当的侧枝，呈现多叉树干	如为培养主干可采用摘除其他侧枝的顶芽来削弱其顶端优势，或将顶枝短截剪口留壮芽，同时疏去剪口留壮芽，同时疏去剪口下3～4个侧枝促其加速生长
假二叉分枝	泡桐、黄金树、楸树、丁香、卫矛、接骨木、石榴、连翘、金银木等	树干顶梢在生长后期不能形成顶芽，下面的对生侧芽优势均衡影响主干的形成	可采用剥除其中一个芽的方法来培养主干
多歧分枝	苦楝、臭椿、青桐等	顶芽生长不充实	可采用抹芽法或用短截主枝方法重新培养中心主枝

　　对于具有主轴分枝的树种，修剪时要注意控制侧枝，剪除竞争枝，促进主枝的发育，如钻天杨、毛白杨、银杏等树冠呈尖塔形或圆锥形的乔木，顶端生长势强，具有明显的主干，适合采用保留中央领导干的整形方式。而具有合轴分枝的树种，易形成几个势力相当的侧枝，呈现多叉树干，如为培养主干可采用摘除其他侧枝的顶芽来削弱其顶端优势，或将顶枝短截，剪口留壮芽，同时疏去剪口下3～4个侧枝，促其加速生长。具有假二叉分枝（二歧分枝）的树种，由于树干顶梢在生长后期不能形成顶芽，下面的对生侧芽优势均衡，影响主干的形成，可采用剥除其中一个芽的方法来培养主干。对于具有多歧分枝的树种，可采用抹芽法或用短截主枝方法重新培养中心主枝。修剪中应充分了解各类分枝的特征，注意各类枝之间的平衡，要掌握强主枝强剪，弱主枝弱剪的原则。因为强主枝长势粗壮，具有较多的新梢，叶面积大，制造的有机营养多，促进其生长更加粗壮；反之，弱主枝新梢少，营养条件差而生长衰弱。因此，修剪要平衡各种枝条

之间的生长势。侧枝是开花结实的基础，生长过强或过弱均不易形成花芽。所以，对强侧枝要弱剪，目的是促进侧芽萌发，增加分枝，缓和生长势，促进形成花芽。同时花果的生长与发育对强侧枝的生长势产生抑制作用。对弱枝要强剪，使其萌发较强的枝条，这种枝条形成的花芽少，消耗的营养少，强剪则产生促进侧枝生长的效果。

1.3 树木的枝条

树木的养护修剪，主要是对树木枝条的处理。因此必须清楚地掌握树木的各种枝条的特性及名称，才能够进行正确的修剪。

1.3.1 依枝干所在位置来分

1. 主干 是乔木在地面上的主轴，上承树冠，下接根系，通常分两部分组成，从地面至最下位主枝分枝处称为树干，其高度称为枝下高。自最下位的主枝分枝处以上部分，称为中央领导干，在其四周着生有主枝、侧枝、副侧枝等组成树冠。
2. 主枝 自主干生的比较粗壮的枝条，是构成树形的主要骨干，主枝上再分布侧枝。离地最近的称为第一主枝，依次而上称第二、第三主枝。
3. 侧枝 着生于主枝上适当位置和方向的较小的枝条，从主枝基部最下位发生的称为第一侧枝，顺序类推为第二、第三侧枝等。
4. 小侧枝 自侧枝上生出的小枝，是观花、观果树木的主要部位。

1.3.2 依枝的形势及各枝相互关系来分

1. 直立枝、斜生枝、水平枝和下垂枝 凡是直立生长的枝称为直立枝；和水平线有一定角度，向上斜生的称为斜生枝；成水平生长的称为水平枝；先端向下垂的称下垂枝。
2. 内向枝 枝向树冠中心伸长的称内向枝。
3. 重叠枝 两枝在同一侧面内，上下重叠的称为重叠枝。
4. 平行枝 两枝在同一水平面上，平行生长的称平行枝。
5. 轮生枝 几个枝条自同一点或相互很近的地方发生、向四周放射状伸展的称轮生枝。

6. 交叉枝　两枝相互交叉生长的称交叉枝。

7. 并生枝　从一节或一芽并生两枝或两枝以上的称为并生枝。

8. 萌蘖枝　指由潜伏芽、不定芽萌发形成的新枝条。包括"茎蘖"、"根蘖"和"砧蘖"以及确属多余的新梢均属萌蘖枝。

9. 徒长枝　指比树冠的周围的枝条生长快，与树木生长不协调，影响树木整体美观效果的枝条。

1.4　常见修剪做法

1. 杯状形　这种树形无中心主干，仅有相当一段高度的树干，自主干上部分生 3 个主枝，均匀向四周排开，3 个枝各自再分生 2 个枝而成 6 个枝，再从 6 枝分生 2 枝即成 12 枝，即所谓"三股、六杈、十二枝"的树形。这种几何状的规整分枝不仅整齐美观，而且冠内不允许有直立枝、内向枝的存在，一经发现必须剪除。这种树形在城市行道树中极为常见，如碧桃和上有架空线的国槐修剪即为此形。

2. 自然开心形　由杯状形改进而来，此形无中心主干，中心也不空，但分枝较低，3 个主枝分布有一定间隔，自主干上向四周放射而出，中心又开展，故为自然开心形。但主枝分枝不为二叉分枝，而为左右相互错落分布，因此树冠不完全平面化，并能较好地利用空间，冠内阳光通透，有利于开花结果。在园林中的碧桃、榆叶梅、石榴等观花、观果树木修剪采用此形。

3. 尖塔形或圆锥形　此形是有明显中央领导干的树木，主干是由顶芽逐年向上生长而成。主干自下而上发生多数主枝，下部长，逐渐向上缩短，树冠外形呈尖塔或圆锥形。园林中，雪松、水杉、毛白杨等在整形修剪中广泛应用此形。

4. 圆柱形或圆筒形　有中心主干，且为顶芽逐年向上延长生长而形成。自近地面的主干基部向四周均匀地发生许多主枝，而主枝长度自下向上相差甚少，故整个树形几乎上下同粗，如龙柏、圆柏、杜松、柱形桧柏、黑杨雄株、新疆杨等为此形。

5. 圆球形　此形特点：一段极短的主干，在主干上分生多数主枝，主枝分生侧枝，各级主侧枝均相互错落排开，利于通风透光，因此叶幕层较厚,绿化效果较好,园林中广泛应用,如大、小叶黄杨,小叶女贞,球形龙柏等常修成此形。

6. **灌丛形** 园林中大多数花灌木常用此形,如棣棠、黄刺玫、珍珠梅、连翘等,此形特点为:主干不明显,每丛自基部留主枝 10 几个,其中保留 1~3 年生主枝 3~4 个,每年剪掉 3~4 个老主枝,更新复壮,目的保持主枝常新而强健,年年有花。

7. **自然馒头形** 此形多用于馒头柳,特点:有一定主干,幼树长到一定高度时短截,在剪口下选留 4~5 个强健枝作主枝,主枝间有一定距离,各占一定方向,不交叉、不重叠。第二年短截主枝,促发侧枝,扩大树冠,但侧枝适当留用,并且相互错开,以便充分利用空间。

8. **疏散分层形** 主要用于果树,如苹果、梨、海棠等中心干逐段合成,主枝分层,第一层 3 主枝,第二层 2 主枝,第三层 1 主枝。此形因主枝较少,层次排列不密,光线通透,利于开花结果。

9. **伞形** 此形在园林绿化中常用于建筑物出入口两侧或规则式绿地出入口,两株对植,起导游指示作用,在池边、路角处起点缀作用,效果也很好。特点:有明显主干,所有侧枝下弯倒垂,逐年由上方芽继续向外延伸扩大树冠,成伞形,如龙爪槐、垂枝碧桃、垂枝榆等。

10. **棚架形** 这种类型主要应用于园林绿地中蔓生植物。凡是有卷须或缠绕性植物均可自行依支架攀援生长,如葡萄、紫藤。不具备这些特性的藤蔓植物如爬蔓月季,则靠人工搭架引缚,便于它们延长扩展,又可形成一定遮阴面积,供游人休息观赏,而形状由搭架形状而定。

1.5 老年树与行道树的修剪

1.5.1 老年树的修剪

一棵年老的树木,需要定期照料,定期疏剪是必需的,同时也要把受损枝条切除。有时候可能会发现枝条结合处已经腐朽,则必须切掉那一部分,并且仔细思考要填充哪种材料。并且,一定要让其通气。

1.5.2 行道树修剪

行道树分枝点 2.5～3m 以上，主枝呈斜上生长，下垂枝一定要保持在 2.5m 以上，防止刮车。郊区道路行道树分支点可以略高些，高大乔木分枝点可提高到 4m。同一条街的分枝点必须整齐一致。

为解决架空线的矛盾，可采用杯状形整形修剪，可避开架空线，每年初冬季修剪外，夏季随时剪去接碰电线枝条。枝梢在电话线垂直距离 1m，与高压线垂直距离 1.5m。对于偏冠行道树重剪倾斜方向枝条，另一方轻剪以调整树势。另外，还要随时剪掉干枯枝、病虫枝、细弱枝、交叉枝、重叠枝。对于过长枝要短截在壮芽处；对于卡脖枝逐年疏除，防止环状剥皮削弱树势。徒长枝、背上直立枝一般疏除，如果周围有空间可采取轻短截的方法促发二次枝，弥补空间。

行道树与各类线路的关系处理一般采用 3 种措施：降低树冠高度，使线路在树冠的上方通过；修剪树冠的一侧，让线路能从其侧旁通过；修剪树干内膛的枝干，使线路能从中间通过；或使线路从树冠下通过。

1.6 树木修剪时间表

树种＼月份	十二	一	二	三	四	五	六	七	八	九	十	十一	备注
桧柏类	√	√	√	√			√	√					基本不修剪
油松				√	√								基本不修剪
白皮松	√	√	√										基本不修剪
侧柏	√			√			√					√	基本不修剪
华山松				√	√								基本不修剪
云杉				√	√	√							基本不修剪
龙柏				√									基本不修剪
雪松			√	√							√	√	基本不修剪
五针松	√				√							√	基本不修剪
紫杉													基本不修剪
国槐	√	√	√	√		√	√	√					
毛白杨				√						√			
白蜡	√	√	√	√									

（续）

树种＼月份	十二	一	二	三	四	五	六	七	八	九	十	十一	备注
银杏	√	√	√	√									
西府海棠				√	√	√		√					
紫叶李	√	√	√	√	√	√							
悬铃木	√	√	√				√	√					
栾							√	√			√		基本不修剪
垂柳	√	√	√										
千头椿	√	√	√	√	√		√	√					
刺槐	√	√	√										
碧桃				√	√	√		√					花后修剪
新疆杨			√	√							√	√	
青铜	√	√	√	√	√								
龙爪槐	√	√	√	√			√	√					
玉兰	√	√		√	√	√							基本不修剪 花后修剪
樱花	√	√	√		√								花后修剪
核桃										√	√		
杜仲	√	√	√	√	√					√			
马褂木				√	√							√	基本不修剪
臭椿	√	√	√										
枣								√	√				
柿												√	
泡桐			√	√	√								
卫矛	√	√	√									√	
榆	√	√	√										
山楂	√	√	√	√	√								
北京丁香	√		√		√	√							
合欢	√	√	√										
水杉	√	√	√										
七叶树													基本不修剪

（续）

月份 树种	十二	一	二	三	四	五	六	七	八	九	十	十一	备注
凤尾兰				√	√								
锦带花				√	√								
紫薇		√	√	√	√			√	√	√			花后修剪
贴梗海棠	√		√	√	√				√	√			
丁香	√		√	√	√	√							花后修
玫瑰			√	√	√							√	
金银木	√			√			√	√				√	花后修
月季				√	√		√	√	√	√	√	√	
迎春				√	√								
木槿	√	√	√										
平枝栒子	√		√										
榆叶梅					√	√	√						
石榴	√		√										
黄刺玫	√				√							√	花后修
棣棠			√			√						√	基本不修剪
连翘	√		√		√								
紫荆	√		√										
红瑞木	√										√		
黄栌			√				√	√					
紫藤	√		√				√	√					
扶芳藤	√		√										
地锦			√	√									
牡丹			√	√	√	√	√						
蔷薇					√	√							花后修
小檗						√				√			
加杨	√												
山桃		√	√										花后修剪
香椿		√	√										

（续）

月份 树种	十二	一	二	三	四	五	六	七	八	九	十	十一	备注
丝棉木	√	√	√										
珍珠梅	√								√	√	√		花后修剪
十姐妹				√	√								
寿星桃		√	√		√				√				花后修剪
沙地柏				√	√								

注：基本不修剪的树种如需修剪则按所示月份进行。

1.7 树木耐寒性分类

耐寒		较为耐寒	有一定耐寒性	耐寒性不强	不耐寒
侧柏	新疆杨	毛白杨	雪松	悬铃木 （法国梧桐）	乔松
油松	柿	刺槐	龙柏	苦楝	五针松
华山松	君迁子	马褂木	水杉	青桐	七叶树
白皮松	栾树	合欢	粗榧	梧桐	黄金树
桧柏	枣	紫玉兰	女贞	泡桐	楸树
铅笔柏	桑	木槿	白玉兰	红枫	垂丝海棠
蜀桧	白桦	杏梅	悬铃木（英国梧桐）	鸡爪槭	
西安刺柏	二乔玉兰	美人梅		棣棠	
矮紫杉	银白槭		香椿	大叶黄杨	
朝鲜黄杨	茶条槭		紫薇	紫叶李	
小叶黄杨			紫荆	紫叶矮樱	
北海道黄杨	加杨		蜡梅		
沙地柏	樱花		紫珠		
洒金柏	丝棉木		枸橘		
国槐	卫矛		碧桃		

（续）

耐寒		较为耐寒	有一定耐寒性	耐寒性不强	不耐寒
银杏	西府海棠		石榴		
白蜡	金银木		猬实		
车梁木	白玉堂		贴梗海棠		
臭椿	紫丁香		凤尾兰		
千头椿	北京丁香				
垂柳	暴马丁香				
立柳	欧洲丁香				
馒头柳	山桃				
金丝垂柳	榆叶梅				
江南槐	红瑞木				
杜仲	锦带花				
榆树	珍珠梅				
核桃	黄刺玫				
黄栌	平枝栒子				
太平花	天目琼花				
十姐妹	小檗				
丰花月季	蔷薇				
连翘	牡丹				

2
各论

2.1 常绿乔木

2.1.1 桧柏类（西安刺柏、蜀桧）

1. 桧柏属于散生型针叶树种，为主轴分枝方式，除了确保该植物只有 1 根主轴外，基本不需要定期修剪。如果发现成对枝条，立即进行修剪。
2. 同时及时疏除病虫枝、过密枝、细弱枝，使冠内通风透光。由于树冠内外不断生出新枝，应随时修剪外表。
3. 如出现双条枝或侧方徒长枝可在冬夏进行重短截。

2.1.2 油松

油松顶芽发达，为主轴分枝方式。基本不需要定期修剪。如修剪则春季进行修剪。当顶芽逐渐伸长时，要及时摘除 1～2 个长势旺的侧芽，以保证顶芽集中营养向上生长。

要适量自下而上清除轮生枝，留量为全树高的 2/3。对留下的轮生枝可进行疏删，每轮留 3～4 个主枝，使其空间分布均匀。

当树高 5～6m 时，保持冠高比 3/4～3/5；树高 9～10m 时，保持冠高比 2/3～1/2；树高 15m 时，冠高比为 1/3 即可。当衰老现象出现以后，应及时对新梢进行连续修剪，促使隐芽萌发而形成更多的新梢，用来代替枯黄老化的枝梢。

注意：在 10 月份要进行松果的摘除。

2.1.3 白皮松

白皮松顶芽较发达，为主轴分枝方式，基本不需要定期修剪。冬季整形修剪把枯枝、病虫枝和影响树形美观的枝条剪去。要控制中心主枝上端竞争枝的发生，整形时及时剪除竞争枝、扶助中心主枝迅速生长，以形成理想的整齐密集的宽圆锥形树冠。

注意：在9～10月份要进行松果的摘除。

2.1.4 雪松

雪松为有主轴树种，顶端优势极强，自然树形为尖塔形。基本不需要定期修剪。如修剪通常一年一次，一般在晚秋或早春进行。修剪手法以疏剪为主。疏剪的对象主要是阴生枝和少量方位角度不适宜枝条或分布不均匀的枝条，修剪量很小。如果要除去较大的枝条时，最好在冬末或初春时进行。修剪时必须保护好顶梢。如果双杈，选一强壮枝做主尖，另一个重剪回缩，剪口下留小侧枝。当顶梢附近有较粗壮的侧枝与主梢形成竞争时，必须将竞争枝短截，削弱生长势，以利主尖生长。雪松主枝也有轮生特点，合理安排各主枝，主枝不宜过多，以免分散营养，每层主枝间要有一定间隔。在同一层主枝上有大小不同的枝条，如果过密，细弱枝多，可疏去一部分。对于树干上部枝条应当采取去弱留强，去下垂留平斜，而树干下部强枝不要轻易疏除。只有对强壮的重叠枝、过密枝、交叉枝先回缩到较好的平斜枝或下垂枝处，当势力缓和后，再行疏除。

注意在9～10月份要进行松果的摘除。

2.1.5 华山松

华山松顶芽发达，为主轴分枝方式。干粗枝细，枝条轮生性明显，每年可长出一轮，萌芽能力弱。不需要定期修剪。如修剪则在春季进行修剪。树高大于3m时，对下部保留的枝条进行适当修剪，每轮保留3个方向，势力相近的3个枝作为主枝，各枝间的夹角相近似。轮内其余过强或过弱之枝，则宜疏除，对保留下来的主枝回缩，剪口下留向上一个或其他方向的两个小枝，来控制主枝长势。轮生枝的粗度，应为着生处主干粗的1/3以内，并维持同一轮主枝的均衡发展。对于上层的轮生枝，应该按上法留3个主枝，唯方向要与第一轮各枝错落分布，每年春季，当顶芽逐渐伸长时，应及时摘除1～2个生长势旺、粗壮的侧芽，以免与顶芽争营养，保证顶芽健壮向上生长。

注意在 9～10 月份要进行松果的摘除。

2.1.6　云杉

云杉顶芽发达，优势明显，为主轴分枝方式，除了确保该植物有 1 根主轴外，基本不需要修剪。如果主轴被损坏，除了保留枝条下部最强壮枝条外，其他全部除去。

注意在 10 月份要进行果球的摘除。

2.1.7　侧柏

侧柏为主轴分枝方式。具有明显的中心主干，除了检查该植物只有 1 根主轴外，基本不需要修剪。如果需要的话，可在春季进行修剪。

侧柏的萌芽性强，要注意防止中干部分出现多干现象。当顶端竞争枝出现时，要及时从基部疏除。如果竞争枝长势超过原中心主干可换头。同时对中心主干上、中、下部着生的许多主枝，要分情况进行适当疏除。每年 11～12 月的初冬或早春进行修剪。剪除树冠内部的枯枝、病虫枝及过密枝、纤弱枝等。若有个别枝条过于伸长，可于 6～7 月进行一次修剪，剪掉枝条的 1/3。

2.1.8　龙柏

龙柏是主轴分枝形式，除了检查该植物只有 1 根主轴外，基本不需要修剪。如果需要的话，可在春季进行修剪。

若主枝出自主干上同一部位，虽分生在各个方向上，也不允许同时存在，必须先剪除一个，每轮最后只留一个主枝。主枝间一般为 20～30cm 的间隔，并且错落分布，呈螺旋上升。各主枝要短截，剪口落在向上生长的小侧枝上，各主枝剪成下长上短，以确保圆柱形的树形。主枝间瘦弱枝及早疏除以利透光。各主枝的短截，在生长期内每当新枝长到 10～15cm 时短截一次，全年剪 2～4 次，以抑制枝梢的徒长，使枝叶稠密，形成群龙抱柱状态。注意控制主干顶端竞争枝，不能形成分权树形。每年对主枝向外伸展的侧枝及时摘心、剪梢或短截，以改变侧枝生长方向，使之不断造成螺旋式上升的优美姿态。以后每年修剪如此反复进行即可。

个别新梢明显突出于树冠边缘时，在叶茂密处短截，短截不能过重，避免留下大切口或空洞，一次达不到目的的，可分次进行。对大枝的修剪应在休眠期进行，以免树液外流。龙柏通过早期摘心能培养成球形树，对属性已损坏的龙柏也可改造成球形树。培养或改造的方法是摘心或短截，促使分枝加密、均匀。

2.2 落叶乔木

2.2.1 国槐

国槐为合轴分枝方式。

树形圆形，萌芽力强，寿命长。无论自然生长枝条或经过短截后枝条顶部，都会抽生 4～6 个壮枝，其下部抽生少量细小枝或者不萌芽新枝。这样就会生成轮生枝状态，这是国槐的特点之一。

1. 新植国槐大树修剪　需要保留 1.5～2.5m 的原树冠。而且修剪成圆形，所留枝条切忌剪成高低一样平顶。所留树冠大小，要根据不同季节、根系质量好坏和浇水条件而定。另外，新植超大规格树时要保留树冠的 1/3 枝条。基本只做疏枝处理，尽可能不做或少做短截回缩等手法。

2. 行道树修剪　树冠上方有缆线穿过，应用杯状整形，基本形成"三股六杈"，不要"十二枝"。因为行道树，株距多为 5m，树冠枝过多，易造成下部光脱之患。6 个大杈需要留侧枝，扩大树冠。如果树冠上方没有缆线穿过或孤植国槐，应修剪成圆形树冠。树冠内大枝条数量应尽量减少。必要时疏剪密枝，使冠内通风透光。

3. 新植行道国槐　因为树木规格大，会萌发 6～10 个粗壮枝条。修剪方法有两种：一是当年夏季 6 月上、中旬，选出保留的主枝，采取摘心剪法，促生二次枝，其余粗壮枝条立即疏剪。这种方法，一年扩大树冠相当两年，见效快。另一种方法是在冬季将生长旺盛的粗枝，选择方向、位置理想的进行短截，多余粗枝疏除。这种方法树冠扩大慢些，因为短截时剪下很长一段枝条，浪费了很多水分、养分。

4. 成年树的修剪　主要疏除徒长枝、重叠枝、下垂枝、并生枝、病虫枝和过密枝，注意保存在主枝上萌生的侧枝，主要疏除的是树冠枝，切忌将树冠修剪成"掸子"形。

5.　老年树的修剪　主要是疏除干枝、死杈和过密枝以及处理树木与树木、树木与架空线、树木与周边物体的关系。修剪手法可有疏枝、短截、回缩、抹头等。

修剪后，要特别注意对伤口的保护。要涂抹消毒剂、防腐剂以及填充树洞和补贴树皮。

2.2.2　银杏

银杏是有中心主干的树种，顶端优势强盛，易形成自然圆锥形株形。以观赏为主的银杏树注意疏除竞争枝、衰老枝、病枯枝。树木修剪时严格掌握多疏枝、少短截或不短截。

成年后的银杏，首先要控制主侧枝的粗度，使其等于着生处主干粗度1/3以下。

中央领导枝如有竞争枝，有2个可疏去一个，或短截一个到弱枝处，用于辅助中央领导枝的优势。如果中央领导枝较强，可将竞争枝疏除。相反，竞争枝比中央领导枝还强可短截中央领导枝（剪口下留外侧枝），改竞争枝为领导枝。

对徒长枝、直立枝等进行削弱修剪。对内膛衰老侧枝进行疏剪或回缩修剪，膛内干枯、病虫枝条及时疏掉，雄株主枝上长枝较多，要适当疏除掉一部分。对树干上和基部萌蘖应及时疏除掉。

2.2.3　毛白杨

毛白杨有主轴，主尖明显，所以必须保留主尖，主尖如果受损，必须扶个侧枝做主尖，将受损的主尖截去，并除去其侧芽，防止发生竞争枝，出现多头。

修剪要控制下层旺盛、粗壮的侧枝，采取短剪促进上层侧枝的生长，修枝的强度一般在树干胸径10cm以下时，树冠保留高度为50％；树干胸径在10～15cm时，树冠保留高度为树高的40％；树干胸径在15cm以上时，树冠保留高度为树高的30％左右。

对树冠内的密生枝、交叉枝、细弱枝、干枯枝、病虫枝进行疏除。对竞争枝、主枝背上的直立徒长枝，当年在隐芽处短截，第2年疏除。如果有卡脖枝要逐年疏除，防止生成环状剥皮。

2.2.4 西府海棠

西府海棠为合轴分生方式，修剪时一般利用基部分枝形成丛生形。西府海棠修剪分为冬剪和夏剪两个时期，冬剪主要是维持适宜的株形，将生长枝适当短截，使营养集中，以利形成大量开花短枝。疏剪一些直立枝，使内膛通风透光，利于花芽分化。但主干、主枝基部直立枝要选方向位置合适的留下，适当短截，使基部多生中短枝，这些枝可作更新老枝用。每年对无利用价值的长枝和细弱枝都应疏掉。花后及时修剪残花，不让其结果。夏季将生长势强的枝条摘心抑制其生长，促使其中下部多分化混合芽。西府海棠出现衰老后，可在发芽前将带小枝不多的大枝锯除，进行强度回缩。在主干或主枝的基部常萌发多数的直立蘖枝，可选留方向适合、生长健壮的枝条作为更新枝，将衰老枝逐年剪除。

2.2.5 白蜡

白蜡树原生状态是有主轴树种，成年后一般形成假二叉分枝树种。整形方式采用自然开心性、主干疏层形、多领导干形。

在整形过程中，树体上认为无用枝条，皆应及早疏去。冬剪时对轮生枝、丛生枝、细弱枝、病虫枝、过密枝、干枯枝、下垂枝等均应从基部疏除。修剪手法以疏剪为主要方法。对个别老枝如需要可进行回缩更新复壮。

2.2.6 紫叶李

紫叶李为合轴分枝形势，每年修剪，只要剪除枯死枝、病虫枝、内向枝、重叠枝和交叉枝即可。对于放得过长的细弱枝，则应及时回缩复壮。

2.2.7 碧桃（寿星桃）

碧桃为合轴分枝式，整形方法采用杯状或开心形。

碧桃的主干和三大主枝的基部怕光，修剪时更应注意为怕光部分遮光，即在三大主枝基部，保留一些枝条，使其长期健壮生长，起到遮阳光作用。

幼树采用自然开心形修剪技术。从新枝选出 3 个主枝，均匀分布在主干上方向要适宜，基部角度张开 60° 左右。确定的 3 个主枝进行中短截，剪口芽留在外侧。待夏季新枝生、生长达 50cm 左右时，在 30～40cm 处摘心，促生副梢扩大树冠。到冬季修剪时各主枝的延长枝，适当短截，并选出第一侧枝（约在距主枝基部 50～60cm 处）。夏季修剪时，在新生副梢中选出第二侧枝。第二侧枝一定要着生在第一侧枝的对侧。

碧桃一般花后修剪为好，将开完花的枝条短截，留 3～5 个芽，到春季新梢长到一定长度时，摘心，以控制枝条的生长，促进花芽分化，摘心后可能会发出第二次枝，同样摘心，能分化出花芽最好，不能分化花芽的第三年即为花枝。一般长花枝尽量多留少疏。生长较弱的树长花枝一般宜留 7 组左右花芽短截，中花枝则比长花枝稍短，留 5 组左右花芽短截。短花枝可留 3 组花芽短截。以上枝条短截剪口芽必须是叶芽，无叶芽者不许短截，尤其花束状枝，不能短截，过密时只能疏去。开花枝部位越低越好，最好靠近骨干枝，如果出现上强下弱的，要及时回缩上部强枝，疏掉密生枝、细弱枝和衰老枝，使开花枝均匀分布。干枯病虫枝应及时剪掉。

为防止花枝过长伸展及主枝伸展过远必须更新修剪。单枝更新的做法为，为花后留一定长度短截，下部发出几个新梢，冬剪时留靠近母枝基部、发育充实的 1 个枝条，作开花枝，花后仍短截，当年下部发出几个新梢，第二年春新梢开花后再如上一年一样，留至一枝更新，每年利用靠近基部新梢短截更新，年年周而复始地修剪，即为单枝更新。还有双枝更新方法同上。不同的地方只是在靠近母枝基部留 2 个相邻近的开花枝。一个留作开花枝，另一个枝短截，只留基部两个芽，作更新母枝，每年利用上下 2 枝轮流开花和作预备枝操作的修剪方法即为双枝更新。

2.2.8 悬铃木

悬铃木为单轴分枝方式。

在有架空缆线的地方要行杯状形整枝。选方向合适，有一定距离，长势相近的 3 个主枝进行短截，但掌握强枝要轻截、侧枝要重截原则。剪口下的芽必须留侧芽，剥除上方芽，防止徒长枝出现。如果做行道树，第一、二主枝尽量朝向慢车道。夏季注意主枝上蘖芽，随时剥除。翌年冬季，在每个主枝选 2 个长势相近的侧枝，继续短截，其余一些弱枝可暂不动。春季时摘心控制生长，留作辅养枝。第三年冬，6 个枝上又各生出几个枝，同第二年原则，各选 2 个枝条短截，其余小枝作辅养枝。到第四年即可变成"3 股 6 杈 12 枝"杯状形树冠。上空无缆线或作为孤植庭荫树行道树，可保持直立中央领导干，每隔 50cm 左右留一主枝，每主枝上留 2～4 个侧枝。直到组成高大树冠。以后每年冬季，对主枝延长枝重截去 1/3，使腋芽萌发，其余过密枝要疏去。如果各主枝生长不平均,夏季对强枝摘心,以抑制生长,到达平衡。由于悬铃木易发二次枝,短截时剪口下最好留二次枝,一来可抑制强枝,二来可调整主枝方向,三是可迅速扩大树冠,侧枝过密的疏掉,同侧侧枝30cm为好,并且要左右交互着生。凡是长在主枝上、下方的枝条、干枯枝、病虫枝、交叉重叠枝都要疏掉。

对于过长过远的的主枝要进行回缩,以降低顶端优势的高度,刺激下部萌发新枝。如果需锯除大枝,应当分次进行,切不可一次锯掉。伤口涂防腐剂,以利愈合。

悬铃木的控果修剪:国外主要采取重短截的措施。其原理是,悬铃木的1~2年生枝不结果或少结果。隔2~3年在树木的主枝干(二次、三次枝)上重短截一次,即可收到1~2年生枝不结果的效果。以此技术控制繁殖生长,达到不结或少结果的目的。

2.2.9 玉兰

白玉兰为合轴分枝方式,玉兰类植物基本不需要修剪。如需修剪时,修剪期应选在开花后及大量萌芽前。

主干高4~5m时,可逐步疏剪主干下层的几个主枝,一般可以轻剪为主,促进短枝开花。

每年冬季时只剪除病虫枝、干枯枝等。枝条生长势弱的,可选用较强的分枝进行换头,局部更新,尽量不用短截。养护修剪在花后叶芽刚开始伸展时进行,不可在早春花前或秋季落叶后修剪,否则会留下枯桩。

2.2.10 栾树

栾树为合轴分枝方式,基本不用修剪。如修剪整形方式采用多领导干形方法,每年秋末,剪除干枯枝、病虫枝、交叉枝、细弱枝、密生枝等。对主枝背上的直立枝要从基部疏除。保留主枝两侧一些小枝。当主枝的延长枝过长时应及时回缩修剪,继续当主枝的延长枝。

2.2.11 新疆杨

新疆杨系主轴分枝方式,顶芽特别发达。

修剪的总体要求为修剪强度要控制在最小。

中年期树干基本定型,修剪隔年进行一次,中年后期修剪可3年进行一次。在幼、中年期，对影响主枝生长或和主枝有竞争的侧枝，应当尽量除去。如果修去对树冠大小有影响或形成偏冠，可采取短截，抑制其向上生长，待树冠增大后再修除。对于已被侧枝压抑、生长不良的主枝，要及时更换。选留主枝周围生长健壮的开张角度小的一个侧枝，把原主枝和其他影响这一侧枝长直的枝条一律除去。

修剪时间可在春秋两季进行。秋季在立秋后，掌握在树叶发黄，枝梢封顶时开始修剪。春季修剪宜在清明节树芽萌发前进行，但易形成许多不定芽，长出丛生枝。需及时去除这些丛生枝。

总之，秋季修剪比春季效果好，而对一些较粗的枝条疏除则应放在春季进行为好。

2.2.12　元宝枫

元宝枫为假二叉分枝方式，整形修剪方式以多领导干形为宜。

每年春季或秋末进行修剪，修剪对象是枯死枝、病虫枝、徒长枝、重叠枝和交叉枝等。

2.2.13　刺槐

刺槐为合轴分枝方式。

基本不需要修剪。如需修剪，每年冬剪一次即可，主要是修剪枯死枝、病虫枝、过密枝或徒长枝，由于刺槐木质坚硬，修枝时易造成切口粗糙，切口附近的隐芽大量萌发，要求修枝工具刃口必须锋利，切口平滑。

另外，在7、8月前对树冠较大的树木进行一定量的疏剪，以防暴风雨时产生树木的倾倒。

2.2.14　千头椿（臭椿）

千头椿属多枝树种。抗风力差，枝干易折断。成形后的树木，由于无顶芽及骨架枝较多，中央领导枝干会逐渐衰退，可任其自然生长。基本不用修剪如需修剪即以除去少量杂枝和萌蘖枝为主。但在雨季前，需对生长茂盛的树冠采用疏剪的手法减少枝条密度。使其通风良好，减轻枝干被风吹折的现象。

2.2.15 樱花

樱花为合轴分枝方式。整形方式有两种：一是多领导干形树；二是开心形树冠。

樱花树成形后，为求其早开花，修剪力求从轻，以疏剪为主。它开花以短花枝为主，其顶芽为叶芽。保留的长枝与次年先端长枝，其下部抽生短花枝，第三年能开花。为了增加开花数量，在主枝上必须增养侧枝。对主枝延长枝应短截，每年在主干中、下部各选定1~2个侧枝一左一右分布；主枝上其余中长枝，则可以疏密留稀，暂填补空间，增加开花数量，待侧枝长大，花枝增多时，主枝上的辅养枝即可疏除干净。对主枝上选留出来的侧枝，每年也要短截先端，使其中下部多生中、长枝。对于侧枝上的中、长枝，则以疏剪为主，留下的枝条则缓放不剪，下部花枝经3~4年后，及时回缩修剪，如果衰老枝附近已有新枝发生，此时即可齐基部剪除过长的衰老枝，以使新枝更新复壮。若樱花生长过旺，花蕾过多时，可疏去过多的部分，由于一些品种抗寒力较差，主要表现在早春抗风的能力较差，故在秋季及时对二次枝叶进行剪梢，严防第三次新枝生长，并随时剪除树干上或基部生长出来的萌蘖。

樱花每年冬剪的修剪量不宜过大，仅对枯死枝、病虫枝、交叉枝和重叠枝进行疏除。对老枝的更新要掌握其粗度不超过3cm的原则，因为他愈合能力差，伤口难以愈合，应及时涂防腐剂加以保护，避免溃烂。

对老龄期（30年以上的树木）樱花进行复壮修剪，关键是把握好修剪时间，一般情况是在主枝延长枝基本停止生产、内膛枝开始增多的时候及时修剪。剪口下萌发出的新枝继续向上生长，在人为控制下就能重新形成新的树冠。

2.2.16 龙爪槐

龙爪槐为合轴分枝方式，其整形方式根据其枝条下垂的特点，一般修剪成伞形。其中包括夏剪和冬剪，一年各一次。夏剪在生长旺盛时期进行，要将当年的下垂枝条短截2/3或3/4，促使剪口发出更多的枝条，扩大树冠。短截得剪口留芽必须注意留上芽（或侧芽），进行冬季修剪，首先要调整树冠，用绳子或铅丝改变枝条的生长方向，将临近的密枝拉到缺枝处固定住，使整个树冠枝条分布匀称。然后剪除病死枝以及内膛细弱枝、过密枝，再根据枝条的强弱将留下的枝条在弯曲最高点处留上芽短截。一般是粗壮枝留长些，细弱枝留短些。

冬季对各主枝适当重短截，剪口芽留上芽或侧芽，每个主枝间的侧枝要有间隔，短截长度不超过着生主枝，从属关系明确。各级枝序上的细小枝条，如果不妨碍主侧枝生长，就适当多留些，每年冬季，由于主侧枝弯曲向下生长的内膛枝条上的芽较弱，发出的枝也弱，冬剪时这部分剪掉，保留向上生长的部分。以后每年都要调整新枝生长方向，逐渐填补伞形枝冠的空间，同时剪除各枝干上的枯死枝、病虫枝、内膛枝、交叉枝、直立枝、过密枝等多余枝条。

2.2.17 胡桃（核桃）

因为切割胡桃会流血，所以要避免对它们的修剪，然而，剪切交叉的枝条徒长枝和枯死的枝条是非常必要的，老树可以重剪更新，但需逐年分批除去老枝。修剪时间以晚秋采果后至落叶为宜。

2.2.18 青桐

青桐为多歧分枝方式。

青桐萌芽力弱，不耐修剪，需在自然株形的基础上进行整形。青桐枝条为轮生生长，因此应把上下交叉枝条剪除掉。

2.2.19 枣树

枣树为合轴分枝形。枣树通常整形为疏散分层形和自然开心形：

1. 疏散分层形　全树主枝 7～9 个，分为三层。
2. 自然开心形　无明显的中心干，主枝 5～6 个，以 30°～40° 角向外延伸，错落着生在主干上，上下主枝不重叠。

结果期修剪采用疏缩结合的方法，疏除下垂枝、交叉枝，控制结果部位外移，维持树势。

根据衰老程度进行回缩更新修剪，促进隐芽萌发。

2.2.20 馒头柳

馒头柳定干高度 3～3.5m，全树留 5～6 个主枝，然后短截，第 1 层 50cm 左右，第 2 层 50cm 左右。夏季要掰芽去蘖。分枝点以下的蘖芽全部掰除，主枝上选方向合适、分布均匀的芽留 3～4 个（相互错开），第 2 次定芽，每个主枝留 2～3 个发育成枝。以后发育成馒头形树冠，保持冠高比1∶2。每年掰芽去蘖，剪掉干枯、病虫枝，内膛细弱枝，直立徒长枝等。中老年树，出现长势衰弱时，可以进行株头按上述方法重新培养树形。

2.2.21　榆树

榆树为合轴分枝方式。修剪手法上以疏剪为主，换头、短截很少采用。必要时可进行回缩，控制树形。一年一次冬剪，修剪对象主要为枯死枝、病虫枝、密生枝、徒长枝等。

2.2.22　柿树

柿树为合轴分枝形。成年树的修剪原则是疏剪和短截结合。结果枝结果后比较衰弱，因此应疏剪掉结果枝。结果枝疏剪方法如下：留下优良结果母枝，疏剪过密和纤弱的生长枝，可用的生长枝留茎部3~4芽进行短截。50年以上老树，需回缩更新，一般在5~7年生部位回缩。根据不同树情，可选择一次完成或逐年回缩更新。

另外，如大枝下垂则明显枝条已衰老，要回缩更新。

2.2.23　合欢

合欢为合轴分枝方式。萌芽力弱，不耐修剪。园林中的合欢，无论是道旁树，还是作为孤植、群植，宜采用自然开心形。只作一般修剪，剪掉干枯、病虫枝和直立徒长枝。对树冠扩展太远、下部光秃应及时回缩，对弱枝要更新复壮。成形后只需常规疏剪，通常不在进行短截修剪。

2.2.24　七叶树

七叶树分枝形式为单轴分枝式。不需要定期修剪。如修剪不可损伤中干和主枝，在顶端有对生枝时，要剪去其中之一，其他主要以剪除少量杂枝和萌蘖枝为主。修剪时间一般在冬季。

2.2.25　泡桐

泡桐为假二叉分枝方式。冬季修剪各层主枝时，要注意配备适量的壮枝，使其错落分布，以利通风透光。同时剪去枯死枝、病虫枝、内膛枝、重叠枝、交叉枝、徒长枝、过密的细弱枝和过长枝等。

泡桐不耐修剪，整形时不宜多修剪，尤其不能一次修剪量过大。

2.2.26 鸡爪槭

因为鸡爪槭的树形较小，而且叶片为多彩和多裂的，因此主要种植在花园中。从而除了年幼时需要整形外，很少需要修剪。

2.2.27 杜仲

杜仲系杜仲科杜仲属，属合轴分枝。成年树修剪，应注意保持树冠内空外圆，修剪手法应以疏剪为主，修剪时间以冬季为宜。早秋（9月）进行轻度换头，应根据主枝生长势的强弱适当修剪，一般剪去主枝延长枝的1/3，以增强生长势，并可防止无效秋梢萌生，促使枝条木质化。修剪时还应注意剪除病虫枝、枯枝、徒长枝、过密枝的幼枝及生长不匀称的枝。

2.2.28 鹅掌楸（马褂木）

鹅掌楸系木兰科鹅掌楸属，鹅掌楸为单轴分枝或合轴分枝，萌芽力和愈合能力均较弱，基本不需要修剪。如修剪以整理杂枝为主，少量疏除。衰老树可以进行更新。修剪时间以秋末落叶后为好。

2.2.29 丝棉木（桃叶卫矛、华北卫矛）

在其干顶部附近保留3～5个主枝，向外伸展，其与主干夹角应在45°～60°范围之内，夹角过大，枝条长大后负重，就会出现平展或下垂枝而影响树形的美姿。经过3～4年的培养就可实现多领导干形的卵圆形树冠丝棉木。

2.2.30 香椿

香椿为合轴分枝方式。整形修剪应按多领导干形进行。修剪主要对象是枯死枝、病虫枝、交叉枝、徒长枝及萌蘖枝等。

2.2.31 立柳

立柳为典型的合轴分枝方式。整形用多领导干形。植株保留冠高位，为1/3。每年需对病虫枝枯死进行疏剪。如需要可进行局部回缩，基本不用短截。一般冬季修剪。

2.2.32　加杨

加杨为主轴分枝方式。在北京园林中为淘汰树种。现有的加杨均为中老年树。养护修剪一般为剪除杂枝或因某种原因回缩某些大枝。修剪时间可在春秋两季进行。秋季修剪控制在树叶发黄前开始，春季修剪在树芽萌发前进行。如有长势旺盛、过密过多可在雨季前疏除部分枝条以防暴风雨对树木的折损。

2.2.33　垂柳

垂柳为合轴分枝方式。整形采用多领导干形。以疏剪为主，局部回缩，不用或少用短截。要将萌芽条以及过于低垂的枝条适当修剪。同时修剪枯枝、病虫枝。老树复壮可将衰弱枝回缩，待萌发新枝后疏除过密枝、交叉枝。

2.2.34　水杉

单轴分枝方式。整形方式为中央领导干形。修剪一年一次，以剪除杂枝、不均匀枝为主，修剪手法用疏剪，一般不用抹头或短截，防止主轴分叉。

2.2.35　红枫

合轴分枝局部有假二叉分枝。整形方式桩景形，修剪时以短截控制枝条的生长方向，结合部分疏剪。但修剪不宜过多。如枝条太少可在 5～6 月将新梢留 2 对芽短截，促使分枝；有徒长趋势的可在此时疏去或摘心。

2.3　常绿灌木

常绿灌木以球类和绿篱的修剪形式进行叙述。树种的品种以大叶黄杨、小叶黄杨、紫叶小檗、侧柏、蜀桧、龙柏为主。

2.3.1　球类

2.3.1.1　桧柏球类

1. 将各主枝短截，下长上短，剪口处留向上的小侧枝，以便使主枝下部侧芽大量萌生向里生长抱紧主干的小枝，以确保圆柱形的树形。
2. 在生长期内当新枝长到 10～15cm 时，一般要修剪一次，全年修剪 2～8 次，以抑制枝梢徒长，使枝叶周密，形成群枝抱柱状态的树形。

3. 注意控制主干顶端产生竞争枝，并及时剪除，以免造成分叉树形。

4. 剪去树内的病虫枝、过密枝、细弱枝。

5. 由于树冠不断生出新枝，要随时修剪外表，保持球形树形。

2.3.1.2 大叶黄杨球类

大叶黄杨萌发力强，极耐修剪整形，定植后，可在生长期内根据需要进行修剪。第一年在主干顶端选留两个对生枝，作为第一层骨干枝；第二年，在新的主干上再选留两个侧枝短截先端，作为第二层骨干枝。待上述 5 个干枝增粗后，便形成疏朗骨架。由于树冠内外不断生出新枝，一年中反复多次进行外露枝修剪，便可形成丰满的球形树。同时，每年剪去树冠内的病虫枝、过密枝、细弱枝，使冠内通风透光。

老球形树更新复壮修剪，选定 1～3 个上下交错生长的主干，区域全部剪除。第二年春，则可从剪口下萌发出新芽。待新芽长出 10cm 左右时，在按球形树要求，选留骨干枝，剪除不合要求的新枝。次年改成球形，在生长季节应对新枝多次修剪。

球类整形修剪的要领除球面圆整外，还要注意植株的高度不能大于冠幅，所以球类的性质实际上不是真正的球体，而是半个球或大半个球。否则，就显得不自然。球类的修剪方法是先中央、后四周，至于顺时还是逆时针向修剪，则按个人习惯而定，但必须一次进行。在修剪中央时，绿篱剪正用为好；修剪四周时，绿篱剪反用方便，因为正好与球体的弧线一致，能有效控制弧线。当然，使用方法不必苛求，而以整形效果为标准。

如果球类有一个明显的主干，上面顶着一个球体，就特称为"独干球类"。独干球类的上部通常是一个完整的球体，但也有一些变化形式，如半个球或大半个球形的，这样其底面必须剪的相当平整，称为"蘑菇形"或"伞形"。

独干球类要注意干的高度和球直径的比例关系，一般干高为球茎 2～3 倍的为高干球体，低于 2 倍的为低干球体。

复合型几何体式：层状结合的复合造型基本上都是单株的，而且在修剪两层之间的空当时，必须一直修剪到主干。

在同一植株或株丛上，复合型几何体的样式不宜过多，否则，容易造成零乱的感觉。

2.3.2 绿篱类

2.3.2.1 整形式绿篱的修剪

中篱和矮篱常用于绿地的镶边和组织人流的走向。这类绿篱低矮。为了美观和丰富景观，多采用几何图案式的整形修剪，如矩形、梯形、倒梯形、波浪形等。修剪平面和侧面枝，使高度和侧面一致，刺激下部侧芽萌生枝条，形成紧密枝叶的绿篱，显示整齐美。绿篱每年应修剪 2～4 次，使新枝不断发生，每次留茬高度 1cm，至少也应在"五一"、"十一"前各修剪整一次。第一次必须在 4 月上旬修完，最后一次修剪在 8 月中旬。

整形绿篱修剪时，要顶面与侧面兼顾，从篱体横面看，以矩形和上大下小的梯形较好，上部和侧面枝叶受光充足，通风良好，生长繁茂，不易产生枯枝和中空现象。修剪时，顶面和侧面同时进行。只修顶面会造成顶部枝条旺长，侧枝斜出生长。

2.3.2.2 图案色带修剪

常用于大型模纹花坛、高速公路互通区绿地的修剪。图案式修剪要求边缘棱角分明、图案的各部分植物品种界限清楚、色带宽窄变化过渡流畅、高低层次清晰。为了使图案不致因生长茂盛形成边缘模糊，应采取每年增加修剪次数的措施，使图案界限得以保持。为保证国庆颜色鲜艳，北京地区色块最后修剪必须在 8 月 10～15 日前完成。

几何雕塑形的每次修剪都必须留放新梢，否则把老枝剪口暴露出来，不仅影响观瞻，而且也不利树种的生长。

留放新梢以多少长度为好？似乎难以统一。可按照树叶大小留放 1～2cm。具体来说，如果是黄杨、小叶女贞等小叶类树种，留放 1cm 以下的新梢比较适宜；如果是大叶黄杨等中叶类树种，以留放 1～2cm 长的新梢为宜。

2.3.3 凤尾兰（丝兰）

凤尾兰系百合科丝兰属，植株低矮，近无茎。3～4 月修剪。

每年从基部剪掉老叶和开花后花葶。如基部有新株长出，可将老株从基部切除，如基部无新株生出，可在老干中部切除。

2.3.4 沙地柏

沙地柏枝条分为两种类型：一种是沿地面生成匍匐茎。一种是直主型枝条。沙地柏主要用匍匐茎，对直主生长的枝条要及时疏除。另外在每年春季进行一次修剪主要疏除过密枝、直主枝和病虫枝。

2.4 落叶灌木

2.4.1 紫薇

紫薇属千屈菜科紫薇属，紫薇为合轴分枝，紫薇修剪以冬眠季为主，生长季修剪为辅。

控制花期的修剪。紫薇花后便结实，形成种子。由于这些果实消耗大量营养，枝条上着生的芽当年不能萌发，形成冬芽越冬，第二年才能萌发抽生新枝。如果花后将枝条顶端带 4～5 片小叶的残花剪除，并加强肥水管理，剪口下 3～4 个芽当年可形成花芽再次开花。如此反复进行，花期可达到 100 天之久，这就是紫薇又称"百日红"的由来。如果花后不剪残花，紫薇花期 20～25 天。

2.4.2 丁香

丁香属木犀科丁香属，为假二叉分枝，整形方式通常用多领导干形，丁香也可以用多主枝形或多主干形。养护修剪通常一年 2 次；一是花后修剪，目的是剪除残花，防治因结实而消耗养分，并促使萌发新的枝条，新梢长放，确保翌年花量。生长季疏除萌蘖也是一项烦琐的修剪工作，萌蘖枝除留作更新枝外，应全部自植株基部疏除。二是休眠期修剪，主要是疏剪，疏除过密枝、干枯枝、病虫为害枝及干扰树形的枝条。冬季修剪注意尽量不用短截，否则会将绝大部分的花芽剪掉，休眠季除常规修剪外，还要进行更新修剪，成年植株可每隔 1～3 年修剪老衰枝的大枝。分两种情况进行：一种是有新的分枝处回缩；另一种自地面平剪，促使基部发生萌蘖。丁香萌生能力很强，视植株具体情况而决定取舍，如果有空间，可多选留几个萌蘖条作更新枝，如果空间很小，留 1～2 条其他全部疏除。第二年春季再将留下的更新枝短截，留长度为 60～80cm，2～4 年可开花。

2.4.3 连翘

连翘属木犀科连翘属。连翘通常整剪成丛生的圆头形和多主干瓶状形。

丛生圆头形：冬季修剪时，疏去细弱枝及地表萌生的根蘖；绝大部分枝条均采取缓放；对部分生长细长弯曲下垂的枝条，应截去 1/4～1/5，留中间饱满芽开花；对生长比较充实、顶端稍微的直立长花枝适当的留 2～3 个缓放。其余过长的花枝采取回缩或疏的方法处理；对于徒长枝，可以重截促生分枝，增加开花枝条，另外可做更新老枝用。

多主干瓶状形：对所有的枝条进行重截，在生长季选留直立枝条数根，做多主干培养，其余的均疏除。当年冬季对选留的枝条留 30cm 短截；第二年生长季疏除所选留主干以外的枝条，使养分集中在所留下的主干上。以后凡是直立生长的和细弱的枝条均疏除，重点培养发育中等的枝条，使这些枝条在主枝顶部自然生长。

2.4.4 木槿

木槿属锦葵科木槿属，木槿品种归纳为两种：直立形、开张形。采用两种整形方式，一种为开心形，另一种为多枝形。修剪一般在休眠季进行，在花前为了增加观赏效果，也要进行常规修剪。

直立形木槿品种的整形方式多采用开心形。对一年生的壮花枝，当年开花后，缓放不减。第二年将其上萌发的旺枝和壮花枝全部疏除，留下中、短花枝开花，冬季时对中花枝在分枝处短截。对外围进行短截，截后可在剪口下萌发 3 个壮枝，其中位置好的选作枝头并在 1/2 处短截，剪口留外芽；把枝头竞争枝疏掉；位置低的可以缓放，诱使期萌生多量的中短枝，然后在分枝处回缩，逐渐将其培养成枝组。

直立形品种和开张形品种均可整剪成多主枝形。此形主枝数较多，一般 4～6 个。

对外围枝条的处理与开心形相同。内膛枝及其他枝条采用旺枝疏除，壮花枝缓放，留中、短枝开花。壮花枝缓放以后及时回缩，回缩后再出现旺枝，可再疏、再放、再缩，用这种方法不断地增加中短枝，使其开花。

木槿的隐芽寿命长，二年以上枝有时也能开花，故适宜更新。如果开花不良，多属枝条过于老化，可强剪更新。

2.4.5 榆叶梅

榆叶梅系蔷薇科李属，常见的整形方法有自然开心形、有主干圆头形、丛干扁圆形和梅桩形。

1. 自然开心形　有明显的主干，主干上着生 3～4 个主枝，主枝上均匀的配置侧枝。冬剪时，对各主枝延长枝留外芽短截，保留长度不超过主枝头。主枝上的其余小侧枝，强壮的，可剪至弱芽或二次枝处；弱小的，则可放任不剪。次年对短截的枝条做相同处理，对甩放的枝条将长枝疏除，留下中短枝做开花枝，逐步将其培养成侧枝或枝组。对枝组修剪也采用休眠季短截与甩放相结合，同时要疏去干枯枝、病虫枝、细弱枝、徒长枝、过密枝和交叉枝等。

2. 有主干圆头形　此形的主干、主枝、侧枝的选留和修剪与自然开心形基本相同，不同的是采取花后短截，短截的时间在 4 月下旬至 5 月初，即开花后 2 周内进行。剪留长度为 10～25cm，同时要疏除过密枝、病虫枝、伤残枝及无用的枝条，以使营养集中和通风透光。6 月份进行定芽，每个枝条上留位置好的芽 1～3 个，其余芽均抹去，抹芽不可拖延到 7 月份。新梢长到 50cm 左右时进行摘心，以控制生长，促进花芽分化。二次枝长到一定长度时可再次摘心。当树冠已经达到了所需要的大小，花后短截，应在前一年的春梢上进行，以防树冠扩大。

3. 丛干扁圆形　一般丛生状的榆叶梅留主干 3～5 个，其余为入选的枝梢当即全部剪除。这种整形方式是在自然开心树形的基础上，采用冬季回缩和疏剪，一般不短截。大量的工作是疏枝，特别要疏除过密枝、干枯枝、病虫枝、伤残枝、细弱枝和扰乱树形的枝条。这种整形方式要特别注意容易留枝过多，造成树冠内通风透光不良，内膛小枝容易枯死，所以要疏除大量的过密和衰老的无用枝条，才能维持良好的树形。

4. 梅桩形　此形在短截枝条时，剪口芽的方向要注意，即剪口芽一年留里芽，一年留外芽；也可以一年留左侧芽，一年留右侧芽，使枝条形成小弯曲。对枝组的修剪主要是短截，很少甩放。一般也是将枝条短截成长、中、短枝进行搭配。

榆叶梅观赏期大约在 6～15 年的时间内。约在 15～20 年以后，观赏效果每况愈下，树体开始衰老，开花量逐渐减少，并发生向心更新。此时应增加更新强度，在每年冬季进行更新疏剪，留新去老，留强去弱，留稀去密，有计划地培养树冠内的更新枝，使其逐渐代替原来的骨干枝。

2.4.6 珍珠梅

珍珠梅系蔷薇科珍珠梅属，落叶丛生灌木，珍珠梅适应性强，喜光耐阴，既耐旱又耐阴湿，耐寒、耐瘠薄。萌蘖性强，耐修剪。

花后，及时剪除残留花枝，以减少养分的消耗、保持株形，又利于观赏。生长期对树丛内的强壮枝条，要常摘心、剪梢，促发侧枝。注意剪口下方留外芽，以利灌丛内部通风透光，使其分发二次枝，以增加来年开花量。

落叶后冬剪，对灌丛内过大的粗壮枝条要及时从地面疏剪回缩，以促使一年生新枝填补空隙，如不分株应及时剪除萌蘖枝。同时还应剪除灌丛内的过密枝、拥挤枝、老枝、弱枝、病虫枝、枯萎枝等，以利枝条更新复壮，来年花繁叶茂。

2.4.7 黄刺玫

黄刺玫系蔷薇科蔷薇属，一般采用丛生式灌丛形方式整形。

养护修剪简单。开花前不宜进行修剪。春季开花后，应对开花后的枝条进行短截，促使形成更多新枝，以增加来年的着花部位。秋季落叶后，对徒长枝条进行短截，疏剪枯枝、弱枝、病虫枝过密枝，适当剪去花芽少、生长衰弱的枝条。

多年生老树适当修剪过密的内膛枝，否则株丛过密，会妨碍花芽分化，还容易引起白粉病。每3~5年，应对老枝进行疏剪，更新复壮1次。

2.4.8 红瑞木

红瑞木系山茱萸科梾木属，干茎直立、丛生，采用丛生式灌丛形的整形方法。

每年秋季落叶后应适当修剪以保持良好树形及枝条繁茂。如果春季萌生的新枝不多，可在生长季节摘除顶心，以促进侧枝的形成，使树冠丰满。

5年生以上的中老株生长软弱，皮色苍老、暗淡，应注意更新。可于秋季在基部保留1~2枚芽，其余全部剪去，翌年可萌发新枝。

2.4.9 黄栌

黄栌系漆树科黄栌属。黄栌苗木须根较少，移栽时应对枝进行强修剪，以保持树势平衡。修剪宜在冬季至早春萌芽前进行。幼树的整形修剪，要在定干高度以上选留分布均匀、不同方向的几个主枝形成基本树形。在生长期中，要及时从基部剪除徒长枝。冬季短剪主枝，以调整新枝分布及长势，剪掉重叠枝、徒长枝、枯枝、病虫枝及无用枝。

平时要注意保持主干的生长，及时疏剪竞争枝，同时加强对侧枝和内膛枝的管理，以保证树体枝叶繁茂、树形优美。

2.4.10 锦带花

锦带花系忍冬科锦带花属，锦带花枝条丛生、开展，成熟期的养护修剪是在早春进行，一般只需整理杂枝和适当疏剪强枝，其余枝条轻短截或回缩，尽量不用中、重短截，以免刺激发生徒长。2～3年进行1次更新修剪，去除3年以上老枝，以促进新枝生长。一般不留种子，宜在花后摘除残花，即美观又能促使枝条生长。

2.4.11 贴梗海棠

萌芽力强，强修剪后易长出徒长枝，多以幼时不强剪。

树冠形成后，应注意对小侧枝修剪，使基部隐芽逐渐得以萌发成枝，使花枝离侧枝近，如想扩大树冠，可将侧枝先端剪去，留1～2个长枝，待长枝长到一定长度后再短截长枝先端，使其继续形成长枝。剪截该枝后部的中短花枝，过长的，可适当修剪先端，任其生成花枝开花。小侧枝群，每年交替回缩修剪，交替扩大。5～6年后，选基部或附近的健壮生长枝更替，也可保留1根1米以下的主枝，而让侧枝自然生长。

2.4.12 石榴

石榴系石榴科石榴属，石榴为假二叉分枝，石榴常用的整形方式有开心形、多主干形或疏散分层形。

石榴的养护修剪在休眠期进行，首先清理掉数量较大的各种杂枝，然后区别对待不同类型的枝条。徒长枝、细长枝、顶端成丛的营养枝一般均以疏剪为主，只有在枝量过少时才选择一部分轻短截加以利用；有顶芽的营养枝本身很短，通常长放不剪，翌年如果营养条件好，会形成新的开花（结果）母枝；开花（结果）母枝一般长度20cm左右，对这些短枝应注意保留，禁止短截修剪。花（结果）枝以疏剪为主，只在母枝近顶部保留2～3个，既能避免损伤母枝的混合芽，又能抑制母枝的生长势。

石榴的隐芽萌发能力极强，一经重剪刺激，很易抽生长枝。因此，石榴衰老后，除增施肥水外，应进行更新修剪。缩剪部分衰老的主侧枝，选留 2~3 个旺盛的萌蘖枝或主干上发出的徒长枝，有计划地逐步培养为新的主侧枝。

2.4.13 山楂

山楂系蔷薇科山楂属，山楂可采取用疏散分层形、多枝闭心形或自然开心形树形。整形修剪应注意调整偏冠的树形。

幼树期间，以轻剪多留为原则，短剪竞争枝和直立枝。

初果期，短截各级骨干枝的延长枝，疏剪过密枝、拥挤枝或回缩改造成大型结果枝，疏剪过密的枝。

盛果期，对树冠外围新枝进行短剪，回缩修剪复壮结果枝组。剪除过密枝、重叠枝、交叉枝、病虫枝。大枝先断下垂，可轻度回缩，选留侧向或斜上分枝带头。结果枝修剪应剪弱、留强，去细、留壮，以调整枝组密度。

10 年以上的树应以疏剪为主，剪除枯枝、病虫枝及过密乱枝。

2.4.14 紫荆

紫荆系苏木科紫荆属，萌蘖性强，耐修剪。养护修剪在冬季进行，其习性强健，故疏剪、短截、换头均可采用，修剪时结合整形。修剪对象以整理杂枝为主，老枝适当疏剪；此时花芽明显，修剪容易，枝条过长的可酌情短截，剪口下留 1~2 个方向合理的叶芽即可。但对开花、姿态均良好的紫荆，则不要轻易采用回缩或更新等方法。

2.4.15 平枝栒子

平枝栒子系蔷薇科栒子属，耐修剪，无需特别管理。一般任其自然生长铺散; 或于入冬至早春前对植株进行疏剪, 去除过密枝、枯枝、病虫枝等。

2.4.16 棣棠

棣棠系蔷薇科棣棠花属，呈灌丛型。一般不需要刻意造型，任其自然生长，但应注意及时更新。在新枝生出以后，花前修剪只宜疏枝，不要进行短截，也不要摘心。在花谢后或秋末疏剪老枝、过密枝和残留花枝。如发现死枝梢，可随时剪除，以免蔓延。休眠期，把枯枝、过密枝、基部坚硬而变白的老枝及其他分枝均从基部剪掉。

棣棠生长迅速，株丛茂密，每隔 2～3 年应重剪一次，促使多发新枝，多产生花芽。每 5～10 年进行一次植株更新，花后留下距地表 10～15cm，把其余部分一律剪掉。

2.4.17 玫瑰

玫瑰系蔷薇科蔷薇属，玫瑰为落叶直立丛生灌木。玫瑰属温带树种，生长健壮，适应性强，喜光，耐旱，较耐寒，不耐水涝。

用于观赏的玫瑰，每年秋季落叶后将枝条剪除 2/3，剪口下 5cm 处保留壮芽。为了维护良好的生长势，需将开过花的枝条剪去 1/2。

对于老玫瑰植株更新可采取：一次更新法、二次更新和逐年更新法。一般逐年更新法应用普遍。

1. **逐年更新法**　每年根据花丛情况，选择 3 年以上的老枝从基部剪除，促发新梢，数量控制在丛株的 1/5 之内，及时更新复壮，以保持花丛长势旺盛，其肥水管理必须跟上。

2. **一次更新法**　霜降前后，在距地面高 5～6cm 的地方剪除全部枝条，然后用细土把剪掉剩下的枝条培成馒头形土堆。灌好冬水和基肥，次春根部生长出许多新嫩枝条，等到新梢停止生长后，把过密的和瘦弱的枝条疏去，留剩枝条要分布均匀，通风透光，继续施有机肥加强管理，第三年春花开繁茂达到更新复壮目的。

3. **二次更新法**　落叶后先把花丛的衰老枝剪去 1/2，其余部分仍保留着花供观赏，等到新开花之后，再把余下部分老枝进行更新，通过二次更新来完成花丛复壮目的，这可保持年年有花的观赏效果。

2.4.18 月季

月季系蔷薇科蔷薇属。月季花的株型大致可分为直立型、扩张型和攀援型。其整形方式有骨架式灌丛形月季、树状月季、攀援月季等。一般整形修剪在冬季或早春进行。在夏、秋生长期，还需经常进行摘蕾、剪梢、切花和剪去残花等。因类型长势不同，可分为重剪、适度修剪和轻剪。

2.4.18.1 骨架式灌丛形

此形的特点是无主干，分支点接近地面。

月季在进入冬季休眠前要进行一次修剪。将枯死枝、病虫枝、交叉枝及生长不好的弱枝从基部剪除，同时剪除砧木上的不定芽和根蘖。然后根据植株健壮程度和年龄大小确定留主枝的数目，一般留主枝3～7个。如果需要去掉主枝时，则要根据全株枝条分布的疏密情况，适当从枝密的部位剪去。当主枝数确定后，对全株进行修剪，一般每个枝条留2～3个芽（不可多留）。剪口芽方向，直立形品种尽量选留外芽，但务必将剪口附近的朝上芽抹除，以免产生竞争枝，破坏树形，以期获得较为开张的树形，有利于通风透光；扩张形品种的剪口芽宜留里芽，以期新枝长得直立，使树冠紧凑。

春季地栽月季解除防寒以后，要进行一次细致的修剪工作，这次修剪与第一次花开的大小和多少有很大关系。先要减去枯死枝、细弱枝、病虫枝、伤残枝。嫁接苗要除掉砧木上抽发的萌蘖枝。如系扦插苗要根据具体情况决定对根枝的取舍，可用根蘖枝填补株丛空缺，也可用来更新老枝。留用的根蘖枝绝对不能齐地重截，因为重截后，养分集中，很快又长出更为健壮的直立枝，而要视具体情况进行摘心，减缓长势并促多生分枝，以增加花量。越冬前修剪留的过长的枝要重新剪去，每枝留2～3个芽，要充分注意剪口芽的方向，务使萌发的枝条分布自然、均匀，已形成紧凑、丰满的树形。月季生长期的修剪在每次花后。第一次花后，强枝轻剪，弱枝强剪。中等枝条留3～4节短截，弱枝要重截留芽1～2个，强枝要轻剪留芽5个，促使发生下一期花。第二次花后修剪时则要轻，只在残花下第二片5小叶的上方将枝条剪短即可。修剪过程中要剪除重叠枝、交叉枝、过密枝、徒长枝等，以利通风透光和株丛匀称、饱满。

月季的枝条容易老化，10年上以上的树开始老化，枝干粗糙、灰褐色，而且在老枝上不易萌发新枝。所以要经常注意枝条的更新，更新期一般为3～5年。月季更新最好的办法是利用根部萌蘖枝（或接穗基部的萌蘖枝）当萌蘖枝长到5片叶时，进行摘心，促使下部腋芽萌发，早分生枝。由于月季萌蘖枝营养丰富，经摘心后，一般可抽生2～4个强壮枝，此时可将株丛内老枝逐步剪除。如果再有根萌蘖枝出现，采用同样的措施处理。除利用根萌蘖枝进行老年月季更新外，还可采取回缩更新的方法，将老枝回缩到基部2～3年生的新枝处，在对2～3年生的新枝短截，促发新的分枝，这样经过一年修剪也可重新形成株丛。

2.4.18.2 树状月季

又称独本月季或月季树。树状月季具有很强的装饰性，但必须要注意其整形修剪，修剪的主要任务是去除枯死枝、交叉枝及无用枝。将主枝留约30cm进行短截，并要求各主枝长度近似，以维持树形的圆整；对小分枝也要按一定长度比例进行修剪，开花后的分枝留2～3个腋芽短截。

2.4.18.3 攀援月季

这类月季主要特点是具有较长的藤蔓。必须让它在预先安排的支架上生长。整形修剪方式以篱垣式为主，大致分为一季花月季和四季月季两类。

一季花品种：早春修剪时必须注意尽量保留头年生的壮藤，去除不能开花的老、弱、病枝及过密藤蔓。同时进行轻度短截。当藤蔓长到适当长度时，把它们从基部按一定角度分开，使各藤蔓间分布均匀，充分透光，然后将末端向下弯成拱形加以缚扎固定，以促使拱形藤蔓上的腋芽充分发育，抽生出许多分散与空间的花枝，并开出大量的花朵。

花后须将开过花的枝条疏去，留下未开过花的枝条于翌年开花。此类中有些品种的果实观赏价值较高，花后可先不去残花，让其结果，待观赏期过后再从基部剪除。

四季花品种：这类植株在定植后1～3年内不做大的修剪，每年仅去除死藤及无用的枝蔓，并进行轻度的短截；从第四年开始进行入冬前和春季修剪，每株保留4～5根强壮的主藤，其余老藤则酌情疏除。但要注意这类品种是在2～3年生的藤蔓分枝上开花最好，所以不要过多地剪除这种蔓藤。在整形盘缚时，去掉主藤的尖梢，促进侧枝生长、开花。花后将花枝留基部2～3芽短截，约1个多月后即能继续开花。

2.4.19 海州常山

海州常山系马鞭草科赪桐属，每年秋季，落叶后或早春萌芽前，应适度修枝整形，疏剪枯枝、过密枝及徒长枝，使枝条分布均匀，则第二年生长旺盛，开花繁茂。随时剪去无用枝、徒长枝、萌蘖枝等。

多年生老树须重剪，以更新复壮。

2.4.20 迎春

迎春系木犀科素馨属，丛生性灌木，适宜用丛生式灌丛形方式进行整形。

养护修剪在花后4～5月进行，5月后要避免修剪。以整理杂枝为主，尤其在枝条过密时要疏剪老枝，进行局部更新。同时，要将一部分过长的新梢轻短截，抑制先端生长，使枝条发育良好，促进花芽分化，并增加枝条的抗寒性。另外，由于其枝条端着地极易生根，影响树形，可在生长盛期用竹竿拨动着地的枝条几次，不使其生根。

幼时根据特殊需要也可将迎春培养成一根直立主干的伞形。这种整型方式多于盆栽或与山石等相配置。首先培养一根粗壮的枝条，自地面向上40cm左右处短截，同时设立支柱，使其形成短小的直立主干，并要除去基部和主干上的芽。让新枝从主干的顶端抽生，由于迎春枝条细长呈拱形，从而制作成伞形树冠。伞形树冠基本整成后，必须经常剪除根蘖条，对分枝也要经常摘心，防止徒长以利于花芽分化。花后发现枝条过密，影响通风透光，要立即进行疏枝工作。此外，迎春在春季干旱多风地区，枝条线段易枯萎，可在花前将干枯部分剪除。

除上面介绍的两种整形方式以外，有的地方还将其做花篱栽植，每年至少进行常规修剪2次。

2.4.21 十姐妹

详见下页2.4.25蔷薇中的内容。

2.4.22 紫珠

紫珠系马鞭草科紫珠属，萌芽力较强，强剪易生徒长枝，故幼树不宜强剪。树冠形成后，应注意经常对小侧枝进行修剪，促使隐芽得以萌发成枝。

果实可供冬季观赏，每年修剪均应在冬季或早春前进行，切勿花后即行修剪。每年春季萌动之前，除将过密、过细的枝条和枯枝疏剪掉外，还应当短剪当年新长出的侧枝，以保证优美的树形，同时也利于枝条的更新和促进植株多开花、多结果。

每3～5年重剪一次，更新植株。

2.4.23 蜡梅

成熟期蜡梅的养护修剪主要在花后进行，3～4月叶芽未展开时最为适宜。由于蜡梅少有复芽，枝条开过花后长留下"光节"，因此，花后应将开过花的中、长花枝留15～20cm短截，使其在随后的生长期内萌发较多的新梢。因为蜡梅在花芽分化时，以长50cm以下的枝条为好，在生长后期凡有枝条过长的新梢，留50cm左右短截，以促使花芽分化。对于枯死枝、病虫枝、过密枝、过弱枝等在冬季修剪时都应剪除。对于根蘖要加以控制，不让其任意生长，以免营养过分集中在花芽上。

蜡梅的生长势强，修剪较重，但也不宜过度，若修剪过度会引发徒长枝。

2.4.24 太平花

太平花系八仙花科山梅花属。冬季修剪老枝、枯枝、过密枝等，保持树形整洁美观。

每年早春，疏剪衰老枝和过密枝，剪短徒长枝，促发新枝。花谢后，及时剪除花序和残花枝，以节省养分。枝条基部保留2～3枚芽。花后进行短截花枝。

日常修剪，及时剪除病虫枝、枯枝和徒长枝，注意保留新枝，有利于开花。

2.4.25 蔷薇

蔷薇系蔷薇科蔷薇属。以冬季修剪为主，宜在完全停止生长后进行，不宜太早，过早修剪容易萌生新枝而遭受冻害。修剪时首先将过密枝、干枯枝、病虫枝从茎部剪掉，控制主蔓枝数量，使植株通风透光。主枝和侧枝修剪应注意留外侧芽，使其向左右生长。修剪当年生的未木质化新梢，保留木质化枝条的壮芽，以便抽生新枝。

第一次开花后，从第3～5片之间剪断花枝，促进植株第二次开花。

夏季修剪，作为冬剪的补充，应在6～7月进行，将春季长出的位置不当的枝条，从茎部剪除或改变其生长延长的方向，短截花枝并适当长留生长枝条，以增加翌年的开花量。

2.4.26 杏梅

杏梅系李亚科李属。梅花的修剪在花后进行，修剪前先对树形进行全面观察，做到去留有数。首先进行常规修剪，将病枝、枯枝、过密枝、下垂枝、徒长枝等齐基剪去。对主枝可剪去全长的1/3左右，以促进上部萌发较壮的延长枝，下部的侧枝生长充实，对各侧枝留3～5个芽短截，过密的疏除。梅花有4种花枝：长花枝（30cm以上）、中花枝（10～

30cm）、短花枝（5～10cm）和束花枝（3cm以下）。对长花枝在花后留基部5～6个芽短截，使留的芽形成花枝和发育枝；对中花枝、短花枝不管花前还是花后一般不行短截，过密的可疏掉；对束花枝万万不可短截，如果数量过多影响树形的，可酌量疏剪。另外，在春末或夏初还需要进行抹芽、摘心。梅树的隐芽一旦遇到合适机会就会萌发，因此，在其根茎部、老干上常常长出嫩芽、嫩枝，要将多余的芽除去，尤其是主干上的芽，以减少养分消耗和通风透光。对新梢进行摘心促生二次枝，是为了促使更多分枝。

杏梅潜伏芽寿命长，往往受到刺激就能于老干、老枝上萌发新枝，故老树易复壮。当发现主枝和侧枝的延长枝生长量很小，甚至没有伸长生长，开花数量也逐渐减少时，说明梅树树体开始衰老，要对老树进行更新修剪。衰老的梅树枝条着生于树冠上部，下部枯死枝多，开花较少，此时就要将主枝前部适当回缩修剪，在生长健壮的分枝处下剪，此枝代替原来的主枝头并对其进行短截。当主枝上部和树冠内部大部分枝条枯死，开花极少，甚至不开花，基部能萌发出较多的徒长枝时，这种徒长枝是可用来复壮的基枝，可将其上部衰老枝全部剪去，用徒长枝重新培养成新主枝。经过几年的连续更新，一株老干新枝的梅花又能开花。

2.4.27 接骨木

接骨木系忍冬科接骨木属。萌蘖性强、根系发达、耐修剪，采用灌丛形整形方式。苗木定植后，为促使其多分枝，发展根系，应进行轻短截。来年早春重短截，使其发出3～5个强健的1年生枝。在生长期应适当摘心、剪梢。花后，对丛内的强壮枝长摘心、剪梢，要注意剪口下留外芽，以利树丛内部通风透光。使其多生二次枝，以增加来年开花量。对丛内过大的粗壮枝条要及时回缩修剪，即从地面疏剪，以促进一年生枝填补空隙。冬季适度疏剪树丛内过密的拥挤枝、无用枝、枯萎枝等，避免夏季修剪，否则会减少花芽的产生。

2.4.28 金银木

整形时一般在基部选留7～9个主枝，最多不超过12个主枝。要求中间高，四周较低，形成半球形冠形，基部留出50～80cm的主枝干，随时剪除萌蘖枝条和萌芽新芽。保证树形完好，对于主枝上的侧枝及新梢，在冬季修剪时要考虑到它是近似早春开花种类，对腋生花芽，虽可在休眠期进行短截枝条，但不可过多，以免影响来年的开花数量，它在修剪时以疏剪为主，疏除过密枝条以免影响通透性使花果量减少，此时还可疏除枯死枝、病虫枝、交叉枝、徒长枝等，对老枝可适当回缩，让其抽发新枝，以利恢复树势。对主枝经过 8~10 年开花结果后即需要更新，此时可在基部选留新的强壮萌蘖枝，经过 2~3 年培养取代老枝，以保持树形的饱满完整。

2.5　宿根花卉

2.5.1　鸢尾
秋后剪除残叶。

2.5.2　萱草
花后自地面剪除花茎，并及时清除株丛茎部枯残叶片。

2.5.3　玉簪
花后自地面剪除花茎，并及时清除株丛茎部枯残叶片。秋后剪除残叶。

2.5.4　牡丹
牡丹系芍药科芍药属，丛生状，枝多而粗壮，为合轴分枝。牡丹的整形方式很简单，通常顺其自然生长，稍加人工的干预，整剪成多丛枝自然圆头形。牡丹的养护修剪次数较多，但每次的修剪量都很小，归纳起来一年 4 次。

第一次修剪在花后，及时将残花剪去，以免结实浪费营养（除收获种子例外），花下的叶片可全部保留以使枝条充实。

第二次修剪在 5~6 月，剥去新梢上部的叶芽，剥去新梢上部分的腋芽，也可用别针将上部叶芽捣毁。摘芽应根据植株的强弱、分枝情况进行。每枝可留 1~2 个饱满芽，其他全部摘除，如果有足够的开花枝，则每支仅留一芽即可，每个芽开一朵花。如果株丛不整齐需留分枝，则在一个枝条上最多留两个芽，否则留枝过多，既破坏株形，又分散营养，使花朵变小。较弱枝条，可不让其开花，摘取所有的花芽，以待植株强壮后，则可开出硕大美丽的花朵。

第三次修剪是最主要的一次修剪，在冬末进行。首先将枯死枝、弱枝、病虫枝伤残枝疏除；然后每个枝条留 1～2 个分枝，每个分枝在其中部饱满芽的上方短截，截留长度以留 2～4 个芽为宜。同时要检查花枝是否过密过多，如果过密，应将低矮的花枝疏除掉，使花枝稠稀适度，防止"叶里藏花"。

最后一次修剪是在翌年 3～4 月新梢开始生长时进行，刨开根际土壤除去根蘖，又称除土芽。牡丹的根蘖很多，呈紫红色，生长势很强，会与主枝争夺营养，促使株丛衰老，同时也影响观赏效果。如此时不除去，只会白白消耗养分，俗称"芍药打头，牡丹修脚"就是这个意思。由于萌蘖陆续长出，所以除蘖的工作应连续进行 2～3 次。

牡丹寿命较长，如果精细养护管理，可达百年以上。俗话说"老梅花，少牡丹"，以 5～15 年生的枝条开花最好，因此，必须注意更新修剪，才能抽生好的年龄轻的花枝。通常每隔 2～3 年将老枝、弱枝自基部疏剪，选方向适合而茁壮的萌蘖枝留作更新枝。

除此以外，还要注意一些花径较大的品种，开花时花朵常常下垂倒伏，应该设立支柱给予支撑。

2.5.5 蜀葵

凡 6 月底前开花的植株，当部分成熟后，割除开花茎杆。

2.6 草坪

详见本书第四部分"草坪养护管理"中的相关内容。

2.7 攀援植物

2.7.1 紫藤

紫藤系豆科紫藤属，紫藤为落叶藤木，缠绕形。幼枝逆时针方向缠绕，紫藤为单轴分枝，养护修剪时间以冬季为主。由于年生长量大，养护修剪通常一年 2 次以上。冬季修剪除疏去密生枝、纤弱枝等杂生枝外，对一年生枝用强枝轻截、弱枝重截的方法平衡生长势，使枝条尽量在架面上均匀分布，并获取较多的短枝；树体过大时，可进行疏剪和局部回缩。生长期修剪不可忽视，除整理杂枝外，主要以换头为主，控制过度生长。紫藤亦可不作棚架植物而利用整形修剪方法培育成直立灌木形，方法是对主蔓多次短截，将主蔓培养成直立的主干，从而形成直立的多干式的灌木丛。

孤立栽植的紫藤一定不使它接触到他物，并常修剪，将枯枝、过密枝、病虫枝、伤残枝剪除；过长的枝条进行短截，使灌木丛生长得饱满圆整。花后要将残花剪除，不让其结实，为使养分集中于花芽分化和枝条生长上。

2.7.2 扶芳藤

扶芳藤系卫矛科卫矛属，茎匍匐或攀援。

扶芳藤茎、枝纤细，在地面上匍匐或攀援于假山、坡地、墙面等处，均具有自然的形状，一边较少修剪。通常只要整理杂枝（蔓）即可。攀爬不到位的，加以适当诱导。主要修剪时期在冬季，如果生长期枝（蔓）过于混乱，也需及时整理。

如栽后第4~6年，保留主枝、侧枝，剪去徒长枝，经过数年整形修剪，可形成枝条下垂。

2.7.3 爬山虎

爬山虎系葡萄科爬山虎属，吸盘型。

栽种时，要对干枝进行重修剪或短截，成活后将藤蔓引到墙面。爬山虎的养护修剪十分方便，通常不需要大量修剪，只要整理杂枝（蔓）即可，及时剪掉过密枝、干枯枝和病虫枝等，使其均匀分布。攀爬不到位的，加以适当诱导。也可在墙面上设计图案，剪去图案以外的枝叶，即可创造出较理想的、有生命的图案画面。主要修剪时间在冬季，如生长期枝（蔓）过于混乱，也需及时整理。

第三部分 病虫害防治篇

1

常见园林树木病害防治

1.1 海棠褐斑病

【**分布**】华中、华东、华北、辽宁、陕西。

【**症状**】发生在海棠叶面上。病斑初为褐色斑点，边缘不清晰，扩展后灰褐色，内暗褐色，边缘细微放射状，后期干枯，出现黑色粒状物

【**发生规律**】病菌在寄主植物病残体上越冬，借风雨和浇水传播。春季即发病，8～10月严重，常使叶片枯黄脱落。

【**防治方法**】①及时摘除、销毁病叶。②冬季休眠期喷2～3波美度石硫合剂。③发病初期喷洒70%甲基托布津可湿性粉剂1000倍液。

海棠褐斑病

1.2　海棠腐烂病

【分布】东北、华北、西北。

【症状】危害海棠、苹果等枝干，患病部位初期皮层稍变褐色，病健组织界限明显，后病斑逐渐扩大，病部膨胀而软化，手压之易凹陷，并有黄褐液体流出，病疤后期干缩凹陷成黑褐色，病皮上生出许多褐色小颗粒，遇雨或天气潮湿时，小黑点上常溢出橙黄色丝状卷曲的孢子角。病害严重时患病枝干上部的叶片变黄以至枯死。

【发生规律】病菌为弱寄生菌，以菌丝、分生孢子器、子囊壳在老病疤或死树皮中越冬。3～10月都能侵染发病，以4～5月和8～9月为侵染高峰。病菌孢子借风雨传播，喜侵染和寄生衰弱树和老树，多从伤口侵入。孢子萌发最适合温度为24～28℃。

【防治方法】①适时施肥、浇水，及时疏剪病枝、弱枝和过密枝，注意保护伤口，增强树势，减少侵染和发病。②于病菌传播侵染高峰期进行树干涂白，防治侵染。③先在病斑上面刺一些小孔或划道，深达木质部，然后涂不脱酚酰油托布津30倍液或碱水3倍液，抑制病菌发展。

海棠腐烂病

1.3 紫薇白粉病

【分布】浙江、江苏、山东、湖北、湖南、云南、贵州、四川、台湾。

【症状】 发生在紫薇嫩梢嫩叶上。病部密被白色粉状菌丝层，引起叶片皱缩褪色，叶片不能正常展叶，枝条弯曲，后期严重时病斑大而明显粉层加厚，叶片褶皱变黄，提早脱落。花蕾感病时，初期形成白粉状菌丝层和轻微褪色斑，后期严重时满布厚层白粉状菌丝，影响其正常开花。

【发生规律】 病菌以菌丝体在休眠芽中越冬。3月下旬至4月上旬随紫薇芽萌动，其上的菌丝体便开始扩展蔓延，分生孢子随风传播到新寄主植株上，使病害扩展蔓延。分生孢子可多次重复发生再侵染。6～9月为发病高峰期，9月下旬以后病情逐渐减轻，11月后发病基本结束。

【防治方法】①3月紫薇萌动和抽梢期喷洒1波美度石硫合剂或高脂膜100倍液进行叶面喷雾，每10天1次，连续喷2～3次。②剪除刚发病的枝叶烧毁。③发病期喷15%粉锈宁1000倍液，或高脂膜与50%退菌特等量混用的600倍液，每10～15天进行1次，连续喷2～3次。④用70%的甲基托布津在紫薇植株根际周围开沟环施。

紫薇白粉病

1.4 大叶黄杨白粉病

【分布】华南、西南、华中、华东、华北，陕西、辽宁。

【症状】病菌主要发生在叶片正面，病菌圆形，边缘发射状，白色，以后小斑融合成边缘不清晰的大片白粉病，厚毡状，以叶面为重，严重时病叶皱缩，病梢扭曲，提早落叶。

【发生规律】以子实体、菌丝在病株或病残体上越冬。翌年5月产生分生孢子，借风雨和人的活动传播，一年内可多次再侵染。6~7月高温高湿、植株过密，有利于病害发生发展。8月30℃以上高温时，病情下降，秋季发病轻。秋后病斑出现黑色小点，即子实体。

【防治方法】①加强养护管理，注意通风透光、合理施肥、及时排水等。②加强病情调查，发现病叶或病株及时拔除烧毁。③发病期喷施农抗120或抗菌BO-10乳剂100倍液。

大叶黄杨白粉病

1.5 大叶黄杨炭疽病

【分布】全国各地。

【症状】发生在大叶黄杨叶片上。病叶病部褪色，初期湿腐状，病健交界不明显，后期发病部位枯黄，上生轮纹状小黑点，叶片提早脱落。

【发生规律】病菌主要以分生孢子于病残体及土壤中越冬，也可以以分生孢子或菌丝体于植株病组织上越冬。以分生孢子借气流及水滴传播，植株摆放过密通风不良易发病，植株养分供应不足，生长势弱也可能加重病情。喷射浇水引起水滴反溅，有利于病原菌的传播，也使病情加重。

【防治方法】①及时摘除病叶，清除病残体。②加强植株的水肥管理，每个生长季节可以喷施 2～3 次 1.5% 磷酸二氢钾溶液。③从 7 月开始，每隔 7～10 天喷施一次 80% 的炭疽福美可湿性粉剂 800 倍液 50% 福美双可湿性粉剂 600 倍液。或 75% 百菌清可湿性粉剂 800 倍液，连续喷施 2～3 次。

大叶黄杨炭疽病：病斑及分生孢子器

1.6　小叶女贞煤污病

【**分布**】华南、西南、华东、华北、辽宁、陕西等地。

【**症状**】发生在小叶女贞叶片上，严重时蔓延到芽、枝、干上。病斑初期为黄褐色，上覆盖黑色霉层，后期煤炱状霉层覆盖密实，引起植物组织枯萎。

【**发生规律**】病菌以菌丝、分生孢子、子囊孢子在寄主植物病残体上越冬。当叶片表面有灰尘、蚜、蚧等蜜露或分泌物时，病原菌即侵染为害，可反复侵染，以3～6月和9～11月严重。

【**防治方法**】①及时清除病残体。②及时治理蚜虫和介壳虫为害。③清水冲洗叶面。④保持通风透光良好。

小叶女贞煤污病

1.7 黄栌白粉病

【分布】华东、华北、西北、东北。

【症状】发生在黄栌叶片上。发病初期叶片出现小白点，逐渐扩展成近圆形斑，病斑周围呈放射状，后期病斑连成片，叶面布满白粉。秋后病斑中出现黑褐色闭囊壳，严重时枝条干枯，提早落叶。

【发生规律】以闭门囊在落叶或枝条上越冬，菌丝也可以在芽内越冬。夏初雨后闭囊壳吸水开裂，放出子囊孢子进行初侵染。黄栌生长季节分生孢子可以进行多次侵染。北京地区 5～6 月降雨早、发病早，7～8 月降雨量的多少决定当年病害发生的轻重。该病多从植株下部叶片开始发病，而后逐渐向上部叶片蔓延。8 月前病情发展比较慢，8 月中旬至 9 月上中旬病情迅速发展，山沟病重于山脊，阴坡病重于阳坡，纯林病重与混交林。

【防治方法】①冬季清除枯枝落叶，合理修剪，使之通风透光。②于 6 月中下旬发病初期喷施 12.5% 速保利可湿性粉剂 3000 倍液或 75% 十三吗啉乳剂 1000 倍液。

黄栌白粉病

1.8 苹—桧锈病

【分布】 贵州、湖南、福建、山西、北京、天津、辽宁等地。

【症状】 发生在苹果、梨、山里红、海棠及桧柏的叶、果、嫩枝上。初期在苹果叶表面发生 1mm 大小的黄绿色小斑点，逐渐扩大成 1cm 左右的橙黄色圆形斑，边缘红色，后期病斑表面产生鲜黄色小颗粒，随后在叶面形成黄白色隆起，其上生有很多毛状物；叶柄受害后形成纺锤形稍隆起的橙黄色病斑；嫩枝受害后病部凹陷、龟裂易断；果实受害症状与叶片像似，受害部位畸形。桧柏受害后嫩枝或叶片上形成球形或半球形的瘿瘤，冬孢子角自瘿瘤上长出，深褐色，吸水膨大后呈胶质花朵状，杏黄色，好似柏树开花。

【发生规律】 病菌以菌丝体在桧柏受病组织内越冬 4～5 月冬孢子角遇雨吸水膨胀破裂，产生担孢子，并借气流传播到苹果、西府海棠、山荆子、花红等蔷薇科植物叶片上，5 月下旬病叶开始产生性孢子器，6 月下旬开始叶背病斑上产生锈孢子器，8、9 月锈孢子成熟，并借气流传播到桧柏上，侵染针叶或嫩枝越冬。该菌在其生活史中不形成夏孢子，故无再侵染发生。

【防治方法】①苹果、海棠等与桧柏的栽植间距要在 5km 以上。②初春向桧柏上喷 1～3 波美度的石硫合剂与五氯酚钠 350 倍液的混合液 1～2 次。③于 4～5 月向苹果、海棠上喷一次 15% 粉锈宁可湿性粉剂 1500～2000 倍液。④于 7～10 月向桧柏枝上喷 100 倍等量式波尔多液。

桧柏上冬孢子角

苹—桧锈病

1.9 枣疯病

【分布】河北、河南、山东、山西、北京、辽宁（大连）等。

【症状】 主要为害枣树、酸枣树，地上、地下部分均可受害，多在开花前后出现症状，主要表现为花器退化，萼片、花瓣、雄蕊、雌蕊变小叶，雌蕊变小枝，花梗延长，芽萌发和生长不正常，导致枝叶丛生，嫩叶明脉、黄化或卷曲，地下根蘖丛生，病枝纤细，节间短，病花不结果，病果花脸状，表面不平，肉质疏松。

【发生规律】 植原体存在于寄主植物韧皮部筛管内，能蔓延到全植株各部位，也能在媒介昆虫体内增殖，通过各种嫁接方式进行传播，侵入后病原物潜育期 25～380 天，上半年接种感染者当年就可发病，下半年接种感染者则在翌年发病。气候干旱、营养不良和管理不善者发病重。

【防治方法】 ①培育无病苗木，用无病接穗进行嫁接。②选用抗病砧木。③消灭媒介昆虫，可喷洒 10% 吡虫啉可湿性粉剂 1000 倍液。④春季树液流动前在主干中、下部环剥树皮（环宽 3cm）。⑤避免与油松相邻，不在附近种芝麻。

枣疯病

1.10 樱花褐斑穿孔病

【分布】全国樱花产区。

【症状】危害大山樱、日本晚樱、垂直樱花、梅花、桃花、樱花等。叶部起初褐色、灰褐色或紫褐色小点，逐渐成圆形斑，直径 2～4mm，病斑边界清晰，外围紫褐色，后期中部白或褐色，略带有轮纹，病斑枯死脱落，形成不规则的穿孔。

【发生规律】以子囊壳在落叶上越冬，翌年春季子囊孢子借风雨传播。6 月发病，非水渍状，不透明，病斑周围无黄绿色晕圈。8～9 月为发病盛期，降水量大则病害易发生与流行，树势衰弱树发病重。

【防治方法】①结合冬季修剪整枝，剪除病枝，清除枯枝落叶，以减少侵染来源。②树木发芽前喷晶体石硫合剂 50～100 倍液保护。6 月发病初期喷 58% 瑞毒霉锰锌 500 倍或 50% 加瑞农 1000 倍液。

樱花褐斑穿孔病

1.11 桃细菌性穿孔病

【分布】 全国各地。

【症状】 为害桃、山桃、碧桃、花桃、红叶李、樱花、榆叶梅等。病害主要发生在叶片上，枝梢和果实也能受到侵染。叶片开始出现水渍状小褐点，而后扩展成圆形或多角形病斑，褐色或紫褐色，病斑边缘有淡黄色晕圈。潮湿情况下，病斑背后有浅黄色菌溢，后期病斑边缘组织易产生离层，致使病斑脱落形成穿孔。枝梢和果实受害后，表现褐色凹陷而且龟裂。

【发生规律】 病菌在枝梢病斑和病芽内越冬。翌年春季病组织溢出病原细菌，借风雨、昆虫传播，从自然孔口或伤口侵入。潜育期约10天，发病适温约25℃，阴雨连绵或蚜虫、叶蝉危害严重，易造成病害流行。北京地区5月发病，7～8月连雨天发病重。

【防治方法】 ①合理修剪，使之通风透光，合理施肥，增强生长势。②春季花木发芽前，喷施1∶1∶120倍波尔多液，消灭菌源。③发病初期喷施95%细菌灵或77%可杀得600倍液，7～10天喷药1次，喷3次可有效控制病害。

桃细菌性穿孔病

1.12 桃缩叶病

【**分布**】 华东、华中、西南、华北、及西北的部分省区。

【**症状**】 发生在桃叶上，嫩叶初展时病部增大、肥厚，叶色变成黄白或泛红，后期卷曲皱缩，变脆，颜色红褐，严重时整个枝梢叶片全部变形，逐步卷缩、干枯、脱落。初夏常在病叶表面出现一次灰白色粉霉。

【**发生规律**】 病菌以芽孢子在桃树的叶芽鳞片上越冬，翌年春天桃萌动时孢子萌发产生芽管，穿透嫩叶表皮或经气孔侵入嫩叶，然后以菌丝在叶片的上下表皮细胞间蔓延，刺激中层细胞大量分裂，胞壁增厚，致使病叶变厚、皱缩、变色。初夏形成子囊层，以子囊孢子越夏，入秋后再形成越冬芽孢子。病害的发生与春天的温湿度关系密切，温暖多雨的气候条件最适宜病的发生。

【**防治方法**】 ①人工剪除病枝集中烧毁。②初春花瓣露红时喷洒 2 ~ 4 波美度石硫合剂或 50% 多菌灵 500 倍液，消除初侵染源。③冬季落叶后用波尔多液 3% 硫酸铜溶液均匀喷洒病株及周围（包括土地），以杀死越冬孢子。

桃缩叶病

1.13 合欢枯萎病

【分布】华东、华北。

【症状】合欢枯萎病的症状是：发生在合欢全株。叶片首先发黄，萎蔫下垂，青枯变干，最后脱落。树干一侧或全树发生病变而枯死。将干横切，边材成褐色环斑，纵切木质部变成褐色，夏季树干变粗糙，有的树干分泌黑色液体，皮孔肿胀，产生分生孢子座和大量分生孢子。

【防治方法】①合欢在较疏松的土壤中生长较好，而街道上土壤坚实，通透性差，因此最好不要将合欢作为行道树，应栽植于道路两侧的绿化带内。②加强抚育管理，定期松土，增加土壤通透性，注意防旱排涝。尽量少剪枝，剪后伤口要涂保护剂。清除重病株，以减少侵染源。③化学防治：生长季节未出现症状前，开穴浇灌内吸性药剂，如50%托布津500倍液，40%多菌灵胶悬剂800倍液等。在移植时用1%硫酸铜溶液蘸根，枝干处的伤口涂保护剂，以防病菌侵染。

合欢枯萎病

1.14 杨树溃疡病

【分布】华北、东北、西北、华东等杨树栽植区。

【症状】在枝干皮孔边缘出现圆形灰褐色泡状小斑，斑径 5～20mm 为多，泡内充满无色无味液体，皮层水泡破裂后溢出液体，不久病斑凹陷呈深褐色，皮层腐烂变黑。春季病斑上散生许多小黑颗粒，秋季病斑上出现粗黑粒。

【发生规律】杨树溃疡病一般在春季开始发病，4 月中旬至 5 月下旬为发病高峰期，6 月初基本停止，秋季出现第二次高峰期。发病原因是在苗圃中可染病，但不表现症状，当寄主弱时发病，也就说幼苗移栽后发病率最高。因此，杨树栽植苗木过弱，栽植管理不善，水分、肥力不足，起苗伤根过多，加之运输过程中失水过多，定植后浇水不足等均易引起病害发生。同时，由于部分地区土地条件差、病虫害严重造成杨树弱也易发病。

【防治方法】①抗品种壮苗造林，适地适树，起苗尽量避免伤根，运输过程中不失水，加强肥水管理，合理修剪等预防病害发生。②植前用 ABT3 号生根粉溶剂蘸根，刺激根生长，提高吸水能力。③春季干部涂白或喷 1∶2∶60 的波尔多液，预防病害。④化学防治：用小刀在病斑处纵向划几道，并涂 50 ％多菌灵 500 倍液。⑤病严重时应截干，消除病干枝。

杨树溃疡病

1.15 杨树叶锈病

【分布】 全国各地。

【症状】 形似一束黄色绣球花的畸形病芽，严重受害的病芽经 3 周左右即干枯，正常芽展出的叶片受侵染后，形成黄色小斑点，叶背面产生散生的黄色粉堆，即病菌的夏孢子堆。严重时夏孢子堆可以联合成大块，且叶背柄部隆起。受侵叶片上有时形成大型枯斑，病叶提前脱落，甚至枯死。嫩梢受害后，其上产生溃疡斑。

【发生规律】 病菌以菌丝在冬芽和枝梢的溃疡斑内越冬。杨树萌芽时，菌丝发育形成夏孢子堆，成为当年的初侵染源。病菌夏孢子萌发后，可直接穿透角质层侵入，借风传播。5、6 月为第一次侵染高峰，9 月为第二次侵染高峰。夏孢子萌发最适温度为 15～20℃。种植密度过大、气温高、降雨多、湿度大、通风透光不良等情况下，幼苗和幼树易感病。

【防治方法】 ①清除病芽。必须注意，操作时避免孢子飞散，否则将达不到预期效果。②抗病强的品系育苗或造林。③叶片发病初期喷 15% 三唑酮可湿性粉剂 1000～1500 倍液，15% 粉锈宁可湿性粉剂 1000～1500 倍液，50% 代森锌 100 倍液，50% 退菌特 500～1000 倍液，0.2%～0.3% 石硫合剂。

杨树叶锈病

1.16 杨柳树烂皮病

【分布】东北、西北、华北、华中、华东。

【症状】病原菌为弱寄生菌，既可以寄生生活，又可在枯死树、伐根、棚架等处进行长期腐生生活，成为侵染源。该病早春至初夏开始发病，夏天停止发展，秋季又再次侵染，只有当树木衰弱时病菌才侵害树木，因此树木移栽后烂皮病发生最严重。该病病菌具有潜伏侵染的特点，遇到不良或温差变幅大，或苗木失水、质量低、栽植不规范、养护管理不善等因素，都是烂皮病发生的诱因。

【发生规律】病菌在寄主植物病残体上越冬。借风雨和插穗传播，主要在雨季发生，高温高湿发病严重，枝干和叶上有介壳虫为害则发病更重。

【防治方法】①苗木不要过密，以便通风降湿。②及时清除大杨树下的萌条。③于5～7月喷洒50%多菌灵可湿粉剂500倍液或50%托布津可湿性粉剂800倍液。

杨柳树烂皮病

1.17 悬铃木叶枯病

【分布】华南、西南、华中、华东、华北、陕西、山西等地。

【症状】慢性伤害：叶片受害初脉间褪绿变白，继而变黄，或出现众多褐色斑点，后叶缘或脉间出现红褐色坏死斑，但叶脉及其两侧以保持绿色，终至叶片大部分枯焦、卷缩、枯而不落。全株先是由绿变为绿黄色，最后呈黄色，仅新叶为绿色。急性伤害：病斑不规则，初时成水渍状，后渐变成为红褐色或褐斑，全叶枯焦脱落，尤其以大风大雨时落叶多。全株叶片可陆续落光，重发新叶。

【发生规律】靠近烟囱和煤炉的悬铃木，叶片被伤程度严重。悬铃木虽与污染源相距远，但处于顺风方向，受害仍重；相距越近，受害就越严重。叶龄小，累计 SO_2 量少，受害轻，反之则重，故一般幼树较大树受害轻。

【防治方法】①控制和治理环境污染，特别是 SO_2 污染。②在 SO_2 污染区及其下风向避免栽植悬铃木。

悬铃木叶枯病

1.18 油松落针病

【分布】东北、华北、西北等地。

【症状】发病初期，感病针叶的颜色由暗绿变为灰绿，以后变成红褐色而脱落。病落针上产生黑色或褐色的横线纹，在横线纹间生黑色或褐色、圆形或椭圆形突起的小点，为病菌的分生孢子器。此后产生较大、黑色或灰色、长椭圆形或椭圆形突起的粒点，具油漆光泽，中央有一条纵裂缝，为病原菌的子囊盘。有的病叶枯死而不脱落，并于其上产生子实体。

【发生规律】病原菌以菌丝或未成熟的子囊盘在落地的针叶上越冬。翌年春季条件适宜时，子囊盘发育成熟陆续产生子囊孢子。在雨天或潮湿的条件下，子囊盘吸水膨胀而张开，子囊孢子自子囊中放射出来借助气流传播。子囊孢子落于针叶上萌发形成芽管，从寄主气孔侵入进行侵染危害。子囊孢子从 6 月上旬至 8 月下旬都可放散，以 7 月份最多，因而自春至夏能进行多次侵染。病原菌主要侵染 2 年以上的针叶，当年针叶有时亦受侵染。病害发生与气候因子有密切关系。日平均气温为 25℃，相对湿度在 90% 以上时，子囊孢子飞散和萌发侵入最为适宜。在子囊孢子飞散期间，如逢持续阴雨，降水量较大，则对孢子的飞散有抑制作用。此外，本病的发生与树木生长状况密切相关，凡是引起树木生长衰退的原因，都能加重病害的发生。引起树势衰退的原因很多，诸如种植地干旱、雨水过多、土壤瘠薄，树木遭受病虫害以及抚育管理不良等。据国外报道，松落针病的发生与空气污染有关，目前则认为是空气污染物影响土壤和气候，进而使树木生长衰退，因此导致病害发生。

【防治方法】①侵染来源：伐除重病株，适当修除病树的底枝，清除并烧毁病叶，以减少病害扩展。②栽培管理：增加土壤肥力，促进树木生长。③发病初期，喷施 1:1:100 波尔多液，或 65% 代森锌 500 倍液，或 45% 代森铵 200～300 倍液。

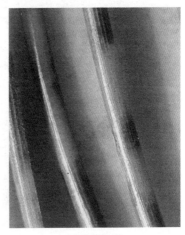

油松落针病

1.19 罗汉松叶枯病

【**分布**】华南、西南、华中、华东、北方温室。

【**症状**】发生在罗汉松叶上。初期病斑多发生在叶尖端，黄色枯斑，病健界限明显，后期病斑灰黄色，干枯，上有黑色粒状物。

【**发生规律**】该病菌为弱寄生菌，多侵染发育不良、生长势弱的植株。在温室条件下可常年发病，露天养护期间以秋后发病重。

【**防治方法**】①侵染来源：伐除重病株，适当修除病树的底枝，清除并烧毁病叶，以减少病害扩展。②栽培管理：增加土壤肥力，促进树木生长。③发病初期，喷施 1:1:100 波尔多液，或 65%代森锌 500 倍液，或 45%代森铵 200～300 倍液。

罗汉松叶枯病

1.20 竹秆锈病

【分布】安徽、江苏、浙江、河南、山东、湖南、江西、云南、贵州、四川、广西等地。

【症状】竹秆被害后，材质变黑发脆，影响工艺价值。被害重的竹林，生长衰退，发笋减少。病害多发生在竹秆的中下部或基部，有时小枝上也发生，一般在2年竹上发生。6～7月间，受害部分产生黄褐色或暗褐色粉质的垫状物（病菌的夏孢子堆），成椭圆形或长条形。到11月至翌年春产生橙褐色如天鹅绒状、着生紧密不易分离、呈革质的垫状物（病菌的冬孢子堆）。这黄褐色垫状物脱落后，竹秆发病部位成黑褐色。

【发生规律】菌在竹秆上只产生夏孢子和冬孢子，以菌丝在竹秆上存活多年；夏孢子只侵染当年新竹，传染期从4月中、下旬开始，传染盛期是5月至6月中旬，此时为新竹出枝展叶期，侵入后潜育期长达7～18个月；因新竹的症状出现晚、病斑小，易被忽视，2～3年生竹秆症状明显。凡地势低、湿度大的竹林发病重。

【防治方法】①按景点要求和环境条件选用抗病竹种；地势高、排水好、杂草少等环境能明显地降低危害程度。保持合理的竹林结构，密度不宜过大，以增强竹子的抗病能力。②3月中旬前，结合砍除病竹和刮除冬孢子堆，涂抹煤焦油和煤油，或柴油混合液，每年涂抹1次，连续涂抹3年。发生重的竹林可用药剂防治。由于竹秆表面蜡质层较厚，该病病菌可在寄主体内存活多年，可于每年5月（产生夏孢子）、10月（产生冬孢子）前，用氨基苯磺酸喷洒，7天一次，连续3次。5～6月份，用粉锈宁250～500倍液或0.5波美度的石硫合剂喷洒病竹，每隔7～10天喷1次、共喷3次。也可以在6～10月间，用0.5～1波美度的石硫合剂喷洒。或100～150倍的敌锈钠。③每隔10天左右，用25%可湿性粉锈宁500倍液，50%可湿性粉锈宁1000倍液，喷射2～3次。④留养在竹林内的轻病株，可在3月上中旬刮除病部的冬孢子堆及周围的竹青，疗效较好。⑤2月份，用煤油或清漆涂于冬孢子堆上，可防止夏孢子堆的产生。⑥加强检疫，防止病株引入。

竹秆锈病

1.21 日本菟丝子寄生

【**分布**】 东北、华北、西北等地。

【**症状**】 苗木和花卉均可受菟丝子寄生危害。花卉苗木受害时，枝条被寄生物缠绕而生缢痕，生育不良，树势衰落，观赏效果受影响，严重时嫩梢和全株枯死。成株受害，由于菟丝子生长迅速而繁茂，极易把整个树冠覆盖，不仅影响花卉苗木叶片的光合作用，而且营养物质被菟丝子所夺取，致使叶片黄化易落，枝梢干枯，长势衰落，轻则影响植株生长和观赏效果，重则致全株死亡。

【**发生规律**】 菟丝子以成熟种子脱落在土壤中休眠越冬，经越冬后的种子，次年春末初夏，当温湿度适宜时种子在土中萌发，长出淡黄色细丝状的幼苗。随后不断生长，藤茎上端部分作旋转向四周伸出，当碰到寄主时，便紧贴在上缠绕，不久在其与寄主的接触处形成吸盘，并伸入寄主体内吸取水分和养料。此期茎基部逐渐腐烂或干枯，藤茎上部分与土壤脱离，靠吸盘从寄主体内获得水分、养料，不断分枝生长，开花结果，不断繁殖蔓延为害。夏秋季是菟丝子生长高峰期，开花结果于11月份。菟丝子的繁殖方法有种子繁殖和藤茎繁殖两种。靠鸟类传播种子，或成熟种子脱落土壤，再经人为耕作进一步扩散；另一种传播方式是借寄主树冠之间的接触由藤茎缠绕蔓延到邻近的寄主上，或人为将藤茎扯断后有意无意抛落在寄主的树冠上。

【**防治方法**】 ①加强栽培管理：于菟丝子种子未萌发前进行中耕深埋，使之不能发芽出土，（一般埋于3cm以下便难于出土）。②人工铲除：春末夏初进行检查，一经发现立即铲除，或连同寄生受害部分一起剪除，由于其断茎有发育成新株的能力，故剪除必须彻底，剪下的茎段不可随意丢弃，应晒干并烧毁，以免再传播。在菟丝子发生普遍的地方，应在种子未成熟前彻底拔除，以免成熟种子落地，增加翌年侵染源。③喷药防治：在菟丝子生长的5~10月间，于树冠喷施6%的草甘磷水剂200~250倍液，（5~8月用200倍，9~10月气温较低时用250倍）施药宜掌握在菟丝子开花结籽前进行。也可用敌草腈0.25千克/亩[1]，或鲁保1号1.5~2.5千克/亩，或3%的五氯酚钠，或3%二硝基酚防治。最好喷2次，隔10天喷1次。

注[1]：1亩=1/15公顷

日本菟丝子寄生

2
刺吸式害虫

2.1 梨冠网蝽

【分布】全国各地。

【寄主】梨、苹果、海棠、李、桃、山楂等。

【形态】成虫体长 3.5mm，头上刺 5 枚；触角浅黄褐色。前胸背板黑。两侧与前翅均有网状花纹，静止时两翅重叠，中间黑褐色斑纹呈 "X" 形。卵长 0.6mm。若虫老龄体形似成虫。共 5 龄，3 龄后长出翅芽。

【发生规律】每年发生数代。各地均以成虫在枯枝落叶、枝干翘皮裂缝、杂草及土、石缝中越冬。次年 4 月上、中旬开始陆续活动，飞到寄主上取食为害。5 月中旬以后各虫态同时出现，世代重叠。以 7 ～ 8 月为害最重。成虫产卵于叶背面叶肉内，初孵若虫不甚活动，有群集性，2 龄后逐渐扩大为害活动范围。成、若虫喜群集叶背主脉附近，被害处叶面呈现黄白色斑点，叶背和下边叶面上常落有黑褐色带黏性的分泌物和粪便，为害至 10 月中、下旬以后，成虫寻找适当处所越冬。

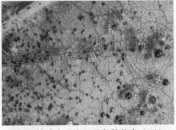

【防治方法】①秋季绑草把诱集并消灭下树越冬虫。②发生初期（5 月上旬）喷洒吡虫啉可湿性粉剂 2000 倍液或 25%除尽悬浮剂 1000 倍液等无毒、低毒内吸药剂防治若虫。

梨冠网蝽成虫（上）及各龄若虫（下）

2.2 杨白毛蚜

【分布】东北、西北、华北、华东、河南等地。

【寄主】毛白杨、河北杨、北京杨、大官杨、箭杆杨等。

【形态】无翅孤雌胎生蚜体长约 1.9mm；白色至淡绿色，胸背面中央有深绿色斑纹 2 个，腹背有 5 个；体密生刚毛。有翅孤雌胎生蚜体长约 1.9mm；浅绿色；头部黑色，复眼赤褐色；翅痣灰褐色，中、后胸黑色；腹部深绿或绿色，背面有黑横斑。若蚜初期白色，后变绿色；复眼赤褐色，体白色。干母体长约 2mm，淡绿或黄绿色。卵长圆形，灰黑色。

【发生规律】北京一年发生 10 多代，以卵在枝条、芽腋处、树枝、干的伤疤、裂缝处和土壤处越冬。次年 4 月（毛白杨发芽期）过冬卵孵化，爬到新生嫩叶背面为害。4 月下旬出现大量有翅蚜迁飞扩散。每头雌蚜胎生若虫 40 头左右。由于大量排泄蜜露，6 月中、下旬开始发生煤污病。7 月上、中旬虫口下降，树上少见。8 月下旬又开始繁殖和为害，秋季 10～11 月份大量发生，为害严重。叶背布满虫体，大量排尿，潮湿季节更易招致煤污病，枝、叶变黑，影响光合作用和生长。11 月中旬大量成虫在枝条上或顺树干爬动，寻找缝隙、伤疤等处产卵过冬。

天敌有异色瓢虫、七星瓢虫、龟纹瓢虫、食蚜蝇等。

检查方法：初为害期检查主要在树木发芽时，查枝、干上的过冬卵和嫩叶片背面的虫体。

【防治方法】4～5 月中旬喷洒 10％吡虫啉可湿性粉剂 2000 倍液、1.2％苦·烟乳液 1000 倍液、1％苦参碱可溶性乳剂 1000 倍液或 3％高渗苯氧威乳油 3000 倍液。

杨白毛蚜（左图：有翅和无翅蚜；右图：干母若蚜）

2.3 京枫多态毛蚜

【别名】元宝枫蚜虫。

【分布】辽宁、华北、山东等地。

【寄主】元宝枫。

【形态】无翅孤雌胎生蚜体长约 1.7mm，卵圆形，绿褐色，有黑斑；触角 6 节；前胸黑色，背中央有纵裂，后胸及腹部各背片均有大块状毛基斑；腹背片毛基斑联合为中、侧、缘斑，有时第 4～8 腹节中侧斑联合为横带。腹管短筒形，端有网纹，缘突明显，毛 4～5 根；尾片半圆形，有粗刻点；尾板末端平，元宝状，毛 13～16 根。

【发生规律】北京一年 10 多代，以卵在树皮缝里过冬。次年 3 月底（元宝枫树发芽期）过冬卵开始孵化，多集聚在芽缝处。4 月上旬（元宝枫树显蕾期）为卵化盛期。4 月下旬出现有翅蚜，开始迁飞传播胎生小蚜虫，进入点片发生阶段。4 月底 5 月上旬虫口显著增加，6、7 月为害最严重，叶背布满一层黑色虫体，刺吸叶片的汁液，排尿在叶上，即易引起黑霉病，影响树木生长。8、9 月份虫口减少，树上少见。10 月下旬在元宝枫上出现有翅蚜，并胎生小蚜虫，陆续出现雌雄蚜，交尾后，产卵越冬。

检查和防治方法同栾蚜。

【防治方法】①为害初期向枝叶上喷洒 10% 吡虫啉可湿性粉剂 2000 倍液、1.2% 苦·烟乳液 1000 倍液或 1% 印楝素水剂 7000 倍液。②保护天敌（瓢虫、草蛉、食蚜蝇和蚜茧蜂等）。

京枫多态毛蚜深色无翅蚜寄生元宝枫果翅

2.4 栾多态毛蚜

【别名】栾树蚜虫。

【分布】辽宁、华北、华中、华东、陕西等地。

【寄主】栾树、黄山栾。

【形态】无翅孤雌胎生蚜体长约 3mm，长卵圆形，活体黄绿色，背面多毛，有深褐色"品"字形大斑；头前部有黑斑，胸腹部各节有大缘斑，中斑明显较大，第 8 腹节融合为横带；触角、喙、足、腹管、尾片、尾板和生殖板黑色；腹管间有长毛 27～32 根，触角第 3 节有毛 23 根和感觉圈 33～46 个。有翅孤雌胎生蚜体约 3.3mm；头、胸黑色，腹部色浅，1～6 腹节中，侧斑融合成各节黑带。干母体长 2.2～2.8mm，深绿或暗褐色，腹、背部有明显缘斑。若蚜滞育型白色，体小而扁，腹背有明显斑纹。无翅性母体长 1.7～2.3mm，褐色。有翅性母体长 2.5～2.9mm，黄绿色。雌性蚜体长 3.2～4mm，长菱形，褐或灰褐色，足短粗，腿节膨大。雄性蚜体长 2.2～2.7mm，狭长，褐色，1～8 腹节各具中、缘斑。

【发生规律】北京一年数代，以卵在芽缝、树皮裂缝等处越冬。次年 4 月上旬（栾树刚发芽）过冬卵孵化为若蚜，此时多栖息在芽缝处，与树芽颜色相似。4 月中旬无翅雌蚜形成，开始胎生小蚜虫。4 月下旬出现大量有翅蚜，进行迁飞扩散，虫口大增。4 月下旬和 5 月份为害最严重，尤其喜群集于主干、大枝上萌生的嫩枝梢上为害。枝条嫩梢、嫩叶布满虫体，刺吸树木养分，受害枝梢弯曲，叶片卷缩。树枝、树干、地面都洒布许多

栾多态毛蚜孤雌胎生蚜

虫尿，既影响树木生长，又有碍环境卫生。6月中旬后虫口逐渐减少，树上少见。至10月中、下旬有翅蚜迁回栾树，并大量胎生小蚜虫，为害一段时间后，产生有翅胎生雄蚜和无翅胎生雌蚜，交尾后产卵越冬。天敌有草蛉、瓢虫、食蚜蝇等。

检查方法：初为害期主要于4月上、中旬树木发芽时，芽上有过冬卵孵化的若蚜。

【防治方法】 ①合理修枝，保持通风透光，以减少虫口密度。②冬末在树体萌动前喷洒1～2波美度石硫合剂。③春初萌发幼叶时喷洒10%吡虫啉可湿性粉剂2000倍液、1.2%苦·烟乳液1000倍液、3%高渗苯氧威乳液3000倍液或1.2%烟参碱800倍液。

2.5 苹果黄蚜

【别名】苹果黄蚜虫。

【分布】辽宁、华北、华中、华东、河南、陕西、四川等地。

【寄主】苹果、海棠、梨、山楂、绣线菊、樱花、麻叶绣球、榆叶梅、木瓜等。

【形态】无翅孤雌胎生蚜体长约1.7mm，黄、黄绿或绿色；腹管圆筒形，黑色；尾片长圆锥形，黑色，有长毛9～13根。有翅孤雌胎生蚜体长1.7mm；头、胸部黑色，腹部黄、黄绿或绿色，两侧有黑斑；腹管、尾片黑色。卵椭圆形，漆黑色，有光泽。若蚜形似无翅胎生雌蚜，鲜黄色，触角，复眼，足和腹管均黑色。

【发生规律】北京一年10多代，以卵在枝条的芽缝、裂皮缝隙内等处过冬。次年4月上旬过冬卵开始孵化为若蚜，刺吸嫩芽嫩叶。4月中旬开始胎生小蚜虫，5、6月大量传播和繁殖，喜为害嫩梢嫩叶，受害树梢弯曲，

苹果黄蚜有翅和无翅孤雌胎生蚜在枝上

影响顶端生长，7月严重，8月以后渐渐减少。10月后又回到果树上产卵越冬。天敌有草蛉、瓢虫、食蝇蚜、蚜茧蜂等。

【防治方法】 ①春季越冬卵刚孵化和秋季蚜虫产卵前各喷施1次10%吡虫啉可湿性粉剂2000倍液防治。②冬季或早春寄主植物发芽前剪除有卵枝条或喷施石硫合剂等矿物性杀虫剂，杀死越冬卵。③保护和利用瓢虫、草蛉、食蚜蝇、蚜茧蜂、蚜小蜂等天敌。

2.6 桃粉大尾蚜

【别名】 桃粉蚜虫。

【分布】 全国各地。

【寄主】 山桃、碧桃、梅、李、杏、芦苇等。

【形态】 无翅孤雌胎生蚜体长约2.3mm，长椭圆形，绿色，体表覆白色粉；中额瘤及额瘤稍隆；触角6节，光滑；腹管圆筒形，光滑，端部1/2灰黑色；尾片长圆锥形，曲毛5～6根。有翅孤雌胎生蚜体长约2.2mm，长卵形；头、胸部有黑色，胸背有黑瘤，腹部绿色，体被一薄层白粉；触角6节，为体长2/3；腹管筒形，基部收缩；尾片圆锥形。卵初产时绿色，渐变黑绿色。若蚜体与无翅成蚜相似，体较小，淡黄绿色，体上有一层白粉；1龄无翅体淡黄绿色，腹背有不明显的绿线3条；2龄无翅体淡黄绿色或绿色，腹背有稍明显的绿线3条；3龄无翅体淡绿或绿色，腹背有明显的绿线3条；4龄无翅体淡绿或绿色，腹背有明显的绿线3条；4龄有翅体翅芽灰黑色。

桃粉大尾蚜有翅孤雌胎生蚜和若蚜

【发生规律】 北京一年10多代，以卵在枝条芽缝等处越冬。次年4月初过冬蛹孵化为若蚜，为害幼芽嫩枝，发育为成蚜后，进行孤雌生殖，胎生繁殖小蚜虫。5月出现胎生有翅蚜虫，迁飞传播，继续胎生小蚜虫，点片发生，数量日渐增多。6、7月为害最严重，叶背布满虫体，叶片边缘稍向背面纵卷，很多叶片上排泄有一层油状物，易招致黑霉病，影响树木生长。8、9月迁飞至其他植物上为害，10月又回到碧桃上，为害一段时间，出现有翅雄蚜和无翅雌蚜，交配后进行有性繁殖，在枝条上产卵越冬。

天敌有草蛉、瓢虫、食蝇蚜等。

检查方法：初为害期主要查芽、嫩叶上有绿色蚜虫。

【防治方法】①在春季（3月上旬）越冬卵刚孵化和秋季（10月下旬）蚜虫产卵前进行适时防治，各喷施10%吡虫啉可湿性粉剂2000倍液一次。②虫量不多时可以用清水冲洗芽、嫩叶和叶背，击落蚜体。③冬季或早春寄主植物发芽前喷洒3波美度石硫合剂，杀灭越冬卵。④林间挂设黄色粘虫板，诱粘有翅蚜虫。⑤在天敌繁荣季节避免喷洒化学农药，以保护瓢虫、草蛉、食蚜蝇、蚜茧蜂、蚜小蜂等。

2.7 水木坚蚧

【别名】槐坚介壳虫。

【分布】全国各地。

【寄主】豆科、木兰科、毛茛科、悬铃木科、蔷薇科、锦葵科、槭树科、卫矛科、忍冬科、桦木科、木犀科、夹竹桃科、十字花科、榆科、菊科、禾本科、杨柳科等49科130余种植物。

【形态】雌成虫体长3～6.5mm，宽2～4mm，椭圆或近圆形，幼时体黄棕色，产卵后死体黄褐、棕褐、红褐或褐色，背面隆起、硬化、前、后均斜坡状，背中有光滑而发亮的宽纵脊1条，脊两侧有成排大凹坑，坑侧又有许多凹刻，越向边缘凹刻越小，呈放射状；肛裂和缘褶明显，腹面软；触角6～8节，多为7节；气门刺3根，中刺端粗钝、略弯，为侧刺长的2倍或仅稍长，侧刺渐尖；缘刺2列，细长而端钝，明显小于气门刺；背有杯状腺，垂柱腺3～8对集成亚缘列；肛周无射线和网纹。雄成虫体红褐色，长1.2～1.5mm，翅土黄色、透明，翅展3～3.5mm，腹末交尾器两侧各有白色蜡毛1根。卵长椭圆形，长约0.2mm，初产乳白色，渐变黄褐色。

若虫 1 龄体长椭圆形，长约 0.5mm，淡黄褐色，腹末有白色尾丝 1 对；2 龄体椭圆形，长约 1mm，黄褐色，半透明，背面有长而透明的蜡丝 10 余根，背中线隆起，两侧密布褐色微细花纹，以胸节处色较深，体缘密排白色短蜡刺；3 龄体逐渐形成浅灰至灰黄色柔软蜡壳。蛹体长 1.2～1.7mm，暗红色。茧长椭圆形，前半突起，蜡质，半透明玻璃状，全壳分割成蜡板 7 块。

【发生规律】北京一年 3 代，以 2 龄若虫在枝条的皮缝处过冬。次年 3 月中旬开始活动，3 月底（白蜡树叶芽出芽长 5～10mm）为过冬若虫活动盛期，即药剂防治有利时机。4 月处若虫选好嫩枝，固定为害，虫体逐渐长大，体变成硬壳，在壳下产卵，每雌虫产卵上千粒；若虫孵化后从壳下爬出至叶背主脉两侧固定为害，5 月中旬雌成虫在枝干上产卵，其生活史如下：

代数	产卵盛期	若虫孵化盛期	若虫活动盛期	若虫开始固定期	危害期
过冬代			3 月底	4 月下旬	4 月上旬～5 月中旬
第 1 代	5 月下旬	6 月中旬	6 月下旬	6 月下旬	6 月下旬～7 月中旬
第 2 代	7 月下旬	8 月中旬	8 月下旬	8 月下旬	8 月下旬～10 月上旬
第 3 代	10 月中旬	10 月下旬	10 月底	11 月过冬	

水木坚蚧密集寄生于卫矛上

此虫为害较严重，多时枝条上虫体重叠成层，吸收树木枝叶的养分，排泄黏液，易引起黑霉病，影响树木生长，甚至造成树木梢条枯死。

检查方法：初为害主要于早春查枝条皮缝处有棕色过冬若虫。

【防治方法】 ①加强检疫，防止人为传播。②强化养护管理，增强自身调控能力。③初冬或早春喷洒 3～5 波美度石硫合剂。④若虫盛期喷洒 95％蚧螨灵乳剂 400 倍液、20％苏克灭乳油 1000 倍液或 1％吡虫啉可湿性粉剂 2000 倍液。⑤保护天敌。寄生性天敌有赖食蚧蚜小蜂、黄盾食蚧蚜小蜂、中华四节蚜小蜂、球蚧花角跳小蜂、长缘刷盾跳小蜂和纽棉蚧跳小蜂；捕食性天敌有黑缘红瓢虫、红点唇瓢虫、草蛉等。

2.8 柏长足大蚜

【别名】柏蚜。

【分布】辽宁、华北、华东、云南、陕西、宁夏等地。

【寄主】柏。

【形态】无翅孤雌胎生蚜体长 3.7～4mm，红褐色，有时被薄蜡粉，密生淡黄色细毛；体背有黑褐色纵带纹 2 条，由头向后腹部呈"人"字形；腹管短小，尾片半圆形。有翅孤雌胎生蚜体长 3～3.5mm，头胸黑褐色，腹部红褐色，跗节、爪和腹管黑色。卵长约 1.2mm，椭圆形，初黄绿色，后浅棕至黑色。若蚜与无翅孤雌蚜相似，深绿至黑绿色。

【发生规律】北京一年 10 多代，以卵在柏叶上过冬。次年 3 月底 4 月上旬（柳芽吐出绿芽长 3mm 左右时）若虫孵化为害，多成群栖息在二年生黄绿枝条上，体与枝条颜色相似。并开始胎生若蚜。每头雌蚜胎生几十头雌性若蚜，若蚜长成后，继续胎生繁殖。完成一个世代平均历期 17 天左右。5～6 月为害较严重，以 9～10 月为害最严重，多时嫩枝和柏叶上虫体密集成层，大量排尿，顺枝条柏叶流水，常引起黑霉病，使柏叶变黑，影响光合作用和树木生长，天气越干旱，对树木影响越大，受害柏苗和绿篱冬天极易抽条（枯梢），甚至枯死。

天敌有草蛉、食蚜蝇、蚜茧蜂、瓢虫等。

检查方法：初为害期主要在晴天查叶上有发亮的油状排泄物或稍严重后树下地面上滴落的油污点。

柏长足大蚜产卵及卵

【防治方法】 ①保持柏树的合理栽植密度，力求通风透光。②春季发生初期喷洒10％吡虫啉可湿性粉剂2000倍液或1.2％苦·烟乳油1000倍数。③保护天敌。

2.9 油松长大蚜

【别名】 松大蚜。

【分布】 辽宁、华北、甘肃等地。

【寄主】 油松。

【形态】 无翅蚜：雌无翅蚜是繁殖的主体。头小，腹大，黑褐色，体长3～4mm，宽3mm，近球形。腹9节，头5节渐宽，为较硬腹，后4节渐窄为软腹。触角刚毛状，6节，第3节较长。复眼黑色，突出于头侧。秋末，雌成蚜腹末被有白色粉。

有翅蚜：分雌雄两种，雄蚜腹部窄，雌蚜腹部宽，但窄于无翅蚜。有翅蚜翅透明，在两翅端部有一翅痣，头方圆形，大于无翅蚜，前胸背版有明显圆环和"X"形花纹。触角长1.5mm，嘴细长，可伸达腹部第5节。卵：长1.3～1.5mm，黑绿色，长圆柱形。两卵间有丝状物连接，多由7～15个卵整齐排列在松针叶上，有时可发现白色、红色、灰绿色卵粒。卵刚产出时白绿色，渐变为黑绿色。不太饱满卵中部有凹陷，卵上常被有白色粉粒。若虫：有卵生若虫和胎生若虫两种，它们的形态多相似于无翅雌蚜，只是体形较小，新孵化若虫淡棕褐色，腹全为软腹，喙细长，相当于体长的 1.3 倍。

【发生规律】北京一年 10 多代，以卵在松针上过冬。次年 3 月底 4 月初（油松顶梢开始发芽，毛白杨雄花盛开）若蚜开始孵化。多在松梢的松针基部刺吸为害，逐渐向枝、干上扩展。4 月中旬开始进行孤雌生殖，胎生小若蚜。每头雌蚜胎生 30 多头雌性若蚜，若蚜长成后，继续胎生繁殖，春天完成一代，约需 20 天左右，而夏天则只需 10 多天就能完成一代。6 月出现有翅胎生雌蚜，继续传播扩散和繁殖。5、6 月和 10 月为害最厉害，特别是白皮松，严重时枝、干上密集成层，顺枝干流水，并易招致黑霉病，严重影响树木生长和观赏。秋季出现有翅胎生雄蚜，雌雄交尾后，11 月初产卵在松针上过冬，每根松针上产卵 8～10 粒，排列成行。

天敌有大灰食蚜蝇、异色瓢虫、灰眼斑瓢虫、七星瓢虫、蚜小蜂等。

检查方法：初为害期主要在晴天有阳光时查针叶上出现发亮的油状物和松针基部的蚜虫。

【防治方法】①冬季向叶面喷洒 5 波美度石硫合剂。②秋末在主干上绑缚塑料薄膜环，阻隔落地后爬向树冠产卵成虫。③早春往树冠释放瓢虫和螳螂卵块，增加食蚜天敌。④在蚜虫为害盛期，向树冠喷洒 10% 吡虫啉可湿性粉剂 2000 倍液，1.2% 苦·烟乳油 1000 倍数或 3% 高渗苯氧威乳液 3000 倍液。⑤保护天敌，如瓢虫、食蚜蝇、蚜茧蜂、草蛉等。

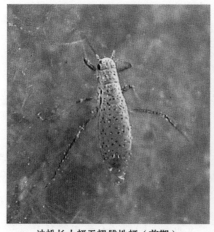

油松长大蚜无翅雌性蚜（前期）

油松长大蚜无翅雌性蚜（后期）

2.10 女贞饰棍蓟马

【**别名**】丁香蓟马。

【**寄生**】丁香。

【**形态**】成虫雌体长约1mm,黑褐色,前胸和腹节间白色;翅淡黄褐色,翅缘有长毛,翅基、中、端部有黑褐斑4个,雄体长约0.5mm,黄色,翅黑褐色,上有白斑3个。卵肾形,略向一侧弯曲,长约0.2mm,白色透明。若虫初孵时体乳白色,后淡绿色,眼红色。蛹体黄白色,具翅芽4个。

【**发生规律**】北京一年6、7代,以雌成虫在树木基部落叶层、松土层、树皮缝中等处越冬。次年3月下旬过冬成虫开始爬上树,多先在树丛下部枝条的芽上取食为害,随着气温增高,树木展叶,逐渐往冠丛的上边和外缘发展。成、若虫多在叶背锉吸为害,初受害叶片正面出现一些失绿的灰白小点。5月日渐严重,叶片上失绿斑点相连扩展成片,以5～6月为害最严重,能造成全株树叶失绿以至干枯。

检查方法:初为害期主要在丁香展叶后,查冠丛下部叶片开始出现的小白点和叶背虫体。

【**防治方法**】①早春灌水、翻地或在丁香萌动前向土中浇10%吡虫啉可湿性粉剂1000倍液,消灭越冬成虫。②在越冬代产卵前或5～6月和8～9月喷洒1.8%爱福丁乳油3000倍液。

女贞饰棍蓟马越冬雌成虫

2.11 枣大球坚蚧

【别名】大玉坚介壳虫。

【分布】枣、栾树、刺槐、槐、核桃、杨、柳、榆、紫穗槐、栗、紫薇、苹果、玫瑰、槭属等。

【形态】雌成虫成熟体半球形,背面鲜黄或象牙色,带有整齐紫褐色斑,背中为粗纵带,带之两端扩大呈哑铃状,后端扩大部包住尾裂,背中纵带两侧各有大黑斑2纵排,每排黑斑5~6个。孕卵后体前半高突、后半斜狭,背面常有毛绒状蜡质分泌物,腹面常为不规则圆形;产卵后死体半球或近于球形,深褐色,体长宽18~19mm,高约14mm,红褐色花斑及绒毛蜡被消失,背面强烈向上隆起、硬化,壁薄,表面光滑洁亮,分布少数大小不同的凹点;触角7节,第3节最长,第4节突然变细,气门洼和气门刺均不明显,气门刺与缘刺无区别或较小而相互靠近,缘刺尖锥形,稀疏1列,刺距为刺长的1~4倍,前、后气门洼间缘刺37根;肛板合成正方形,前、后缘相等;多格腺在腹面中区,尤以腹部为密集;大杯状腺在腹面亚缘区成宽带;尾裂浅,仅为体长1/6。雄成虫体长约2mm,翅展约5mm,头部黑褐色,前胸及腹部黄褐色,中、后胸红棕色;触角丝状,10节,腹末针状,两侧各有白色长蜡丝1根,其长度约是体长的1.6倍。卵长椭圆形,长约0.3mm,初产米黄色,渐变红棕色,被白色蜡粉。若虫初孵体长椭圆形,橘红色,背中线具深红色条斑1块,腹末具白色长毛1对,足、触角健全,末期长约0.6mm,黄褐色,体背形成白色薄介壳,2根长毛部分露出壳外,2龄体长约2mm,背部逐渐形成环状蜡斑3个,壳边缘具刺毛,末期2根外露的长毛仅见残迹。蛹体长椭圆形,淡褐色,长约2.2mm,宽约0.9mm,眼点红色。茧长卵圆形,毛玻璃状,有蜡块,边缘有整齐蜡丝。

【发生规律】北京一年1代,以若虫在枝、干的皮缝处过冬。次年3月底开始活动,选择幼嫩枝条,固定为害。4月中旬体成熟而肥大,密集着生在枝条上,似"糖葫芦"状,吸取树木汁液,排尿流水,影响树木生长和卫生。4月下旬雌雄交尾,5月上旬开始产卵,每雌虫产卵数千粒。5月下旬为若虫孵化盛期,若虫从壳内爬出,到叶片背面或嫩梢上去为害。10月后开始越冬。

天敌有北京举肢蛾等。

检查方法:为害期主要于4月上、中旬查枝条上的虫体。

　　【防治方法】　①加强检疫，销毁带疫寄主植物。②初孵若虫期喷洒15%吡虫啉微胶囊干悬剂 2000 倍液或 95%蚧螨灵乳剂 400 倍液。③保护天敌，如跳小蜂、瓢虫等。

枣大球坚蚧孕卵雌成虫及覆盖蜡质

枣大球坚蚧卵

2.12 小绿叶蝉

【分布】华北、华东、华中、华南、陕西、四川等地。

【寄主】桃、杨、桑、樱桃、李、梅、杏、苹果、葡萄、茶、木芙蓉、柳、柑橘、泡桐、月季、草坪草等。

【形态】成虫：体长 3～4mm，淡黄绿至绿色，复眼灰褐至深褐色，无单眼，触角刚毛状，末端黑色。前胸背板、小盾片浅鲜绿色，常具白色斑点。前翅半透明，略呈革质，淡黄白色，周缘具淡绿色细边。后翅透明膜质，各足胫节端部以下淡青绿色，爪褐色；跗节 3 节；后足跳跃式。腹部背板色较腹板深，末端淡青绿色。头背面略短，向前突，喙微褐，基部绿色。卵：长椭圆形，略弯曲，长约 0.8mm，初产时乳白色。若虫：体长 2.5～3.5mm，与成虫相似。

【发生规律】每年 8～10 代以成虫在落叶、杂草或低矮绿色植物中越冬。翌春桃、李、杏发芽后出蛰，飞到树上刺吸汁液，经取食后交尾交卵，卵多产在新梢或叶片主脉里。卵期 5～20 天；若虫期 10～20 天，非越冬成虫寿命 30 天；完成 1 个世代 40～50 天。因发生期不整齐致世代重叠。6 月虫口数量增加，8～9 月最多且为害重。秋后以末代成虫越冬。成、若虫喜白天活动，在叶背刺吸汁液或栖息。成虫善跳，可借风力扩散，旬均温 15～25℃适其生长发育，28℃以上及连阴雨天气虫口密度下降。

【防治方法】①冬季认真清除杂草即枯枝落叶，消灭越冬成虫。②生长期清除植株周围杂草。③虫害发生初时（5 月初）喷洒 25％扑虱灵可湿性粉剂 1000 倍液或 25％阿克泰水分散粒剂 5000 倍液，每周 1 次，连续 2～3 次。

小绿叶蝉成虫　　　　　　　　小绿叶蝉若虫

2.13 斑衣蜡蝉

【分布】华北、华东、华中、华南、西南、陕西等地。

【寄主】臭椿、香椿、千头椿、刺槐、杨、柳、悬铃木、榆、槭属、女贞、合欢、珍珠梅、海棠、桃、李、黄杨等。

【形态】成虫：体长 14～22mm，翅展 40～52mm，全身灰褐色；前翅革质，基部约 2/3 为淡褐色，翅面具有 20 个左右的黑点；端部约 1/3 为黑色；后翅膜质，基部鲜红色，具有 7～8 点黑点；端部黑色。体翅表面附有白色蜡粉。头角向上卷起，呈短角突起。卵：长圆形，灰色，长约 3mm，排列成块，披有褐色蜡粉。若虫：体形似成虫，初孵时白色，后变为黑色，体有许多小白斑，1～3 龄为黑色斑点，4 龄体背呈红色，具有黑白相间的斑点。

【发生规律】一年发生 1 代。以卵在树干或附近建筑物上越冬。翌年 4 月中下旬若虫孵化危害，5 月上旬为盛孵期；若虫稍有惊动即跳跃而去。经 3 次蜕皮，6 月中、下旬至 7 月上旬羽化为成虫，活动危害至 10 月。8 月中旬开始交尾产卵，卵多产在树干的南方，或树枝分叉处。一般每块卵有 40～50 粒，多时可达百余粒，卵块排列整齐，覆盖白蜡粉。成、若虫均具有群栖性，飞翔力较弱，但善于跳跃。

【防治方法】①避免建植臭椿纯林，在严重发生区应营造混交林。②人工挖除越冬卵块。③若虫孵化初期（5 月初）喷洒 48% 乐斯本乳油 3000 倍液或 40% 绿来宝乳油 500 倍液。

斑衣蜡蝉尚未孵化的卵块

斑衣蜡蝉 2 龄若虫

2.14 梧桐裂木虱

【分布】华北、华中、华东、陕西、甘肃、宁夏、云南等地。

【寄主】梧桐。

【形态】成虫：体长5.6～6.9mm，黄绿色，具褐斑，疏生细毛，头横宽，头顶裂深，额显露，颊锥短小，乳突状。复眼赤褐色，平眼橙黄色，触角细长，约为头宽的3倍，褐色，基部3节显黄色，端部2节为黑色。前胸背板拱起，前后缘黑褐色，中胸背面有浅褐色纵纹两条，中央有一浅沟。中胸盾片具有纵纹6条，中胸小盾片淡黄色，后缘色较暗；后胸盾片处生有凸起两个，呈圆锥形。足淡黄色，跗节暗褐色，爪黑色。前翅无色透明，翅脉茶黄色。内缘室端部有一褐色斑。卵：纺锤形，长0.5～0.8mm，略透明初产时淡黄色或黄褐色，孵化前便呈淡红褐色。若虫：初孵化时长方形，茶黄色微带绿色，翅牙稍显；老熟后长方形，长3.0～5.0mm，色深，翅芽明显可见。

【发生规律】每年2～3代，以卵过冬。翌年4月底5月初孵化，沿枝条爬到嫩梢或叶背吸食。若虫有群集性，行动迅速，但无跳跃能力。6月上旬至下旬羽化为成虫，交配产卵。一雌可产卵50余粒，多分散产于叶背面和枝条表面。7月中旬孵化为第2代若虫，聚集于叶面吸食，并分泌白色蜡丝，潜居其中，蜡丝多时，可布满树体和叶面，随风飘扬，形似飞雪，影响叶的光合作用，使叶呈现苍白萎缩。排泄的黏液污染枝干和叶面，易招致煤污病，使树势衰弱，严重时树叶早落，枝干枯死。8月中旬，第2代成虫出现。成虫的群集性及跳跃力极强，但飞翔力较差。9月上旬第三代若虫为害世代重叠，主要产于主枝下面近主干处、侧枝下面或表面粗糙处过冬。

【防治方法】①应选择若虫初孵化和成虫羽化盛期进行防治，清水冲洗或喷施20%蚜虫净乳油1000倍液、10%吡虫啉可湿性粉剂2000倍液或1.2%苦·烟乳油1000倍液。②保护寄生蜂和草蛉等天敌。

梧桐裂木虱

2.15　油松球蚜

【**分布**】东北、西北、华北等地。

【**寄主**】油松、黑松、赤松、雪松。

【**形态**】无翅蚜：体长约1.5mm，小；头与前胸愈合，头胸有色，各胸节有斑3对；触角3节，喙5节，超过中足基节；腹部色淡，体背蜡片发达，由葡萄状蜡孔组成，常有白色蜡丝覆于体上；尾片半月形，毛4根，无腹管。

【**发生规律**】北京一年发生1代，以无翅蚜在寄主植物枝干裂缝中越冬。翌年春季继续为害，刺吸枝、干汁液；5月产卵，若蚜孵化后固定在枝、干的幼嫩部位及新抽发的嫩梢、针叶基部，大量吸取汁液，远看一片白絮状。

【**防治方法**】①初孵若虫期向松树枝干喷洒70%灭蚜松可湿性粉剂1200倍液，10%吡虫啉可湿性粉剂2000倍液或1.2%苦·烟乳油1000倍液。②保护、释放天敌，如红缘瓢虫、异色瓢虫、草蛉等。

油松球蚜成蚜寄生在油松干上

油松球蚜寄生在油松嫩枝上

油松球蚜寄生在油松顶芽上

2.16 刺槐蚜

【分布】 东北、西北、华北、华东、华中、华南等地。

【寄主】 刺槐、紫穗槐等。

【形态】 无翅孤雌胎生蚜:体长约 2mm。卵:圆形,漆黑或黑褐色,少有黑绿色。有翅孤雌胎生蚜:体长卵圆形,体长约 1.6mm,黑或黑褐色,腹部稍淡,有黑色横斑纹。卵:长约 0.5mm,黄褐或黑褐色。

【发生规律】 北京一年发生 10 多代,多以无翅胎生雌蚜在地丁等杂草根际等处越冬,少数以卵越冬。翌年 3~4 月在杂草等寄主上繁殖,4 月中旬产生有翅孤雌胎生雌蚜,5 月初迁飞至刺槐上繁殖危害嫩梢、嫩叶和嫩芽,受害枝梢枯萎、卷缩和弯垂。秋末迁飞至杂草根际越冬。

【防治方法】 ①蚜虫初迁至树木防治为害时,随时剪掉树干、树枝上受害严重的萌生枝或喷洒清水冲洗,防止蔓延。②发生初期向幼树根部喷施 10% 吡虫啉可湿性粉剂 2000 倍液。③盛发期向植株喷洒 EB-82 灭蚜菌 300 倍液、10% 吡虫啉可湿性粉剂 2000 倍液或 1.2% 苦·烟乳油 1000 倍液。④保护瓢虫、草蛉、蚜茧蜂、食蚜蝇和小花蝽等天敌。

刺槐蚜无翅孤雌胎生蚜

刺槐蚜有翅孤雌胎生蚜

2.17 桃蚜

【分布】全国各地。

【寄主】山桃、碧桃、李、杏、梅、樱花、月季、夹竹桃、香石竹、金鱼草、大丽花、菊花、仙客来、一品红、瓜叶菊等。

【形态】无翅孤雌胎生雌蚜：体长约2.2mm，卵圆形；春季黄绿色、背中线和侧横带翠绿色，夏季白至淡黄绿色，秋季褐至赤褐色；复眼红色；额瘤显著，内缘圆，内倾，中额微隆；触角6节，灰黑色；腹管较长，圆筒形，灰黑色，各节有瓦纹，端有突，尾片与体同色，圆锥形，近基部收缩，曲毛6~7根。有翅孤雌胎生雌蚜：体长约2.2mm，头、胸部黑色，腹部深褐、淡绿、橙红色；第3~6腹节背面中央有大型黑斑1块，第2~4腹节各有缘斑，腹节腹背有淡黑色斑纹；腹管绿、黑色，较长；尾片圆锥形，黑色，曲毛6根。卵：长椭圆形，初产时淡绿色，后变成漆黑色。若蚜：体与无翅雌蚜相似，体较小，淡绿或淡红色，头胸腹三部分几乎等宽；2龄无翅蚜体淡红绿或淡红色，复眼暗红色，头胸部不等宽，腹部较膨大；3龄无翅蚜体淡黄、淡黄绿或淡橙红色，腹部明显大于头胸部；4龄无翅蚜体淡橙红、红褐、淡黄或淡绿色，复眼暗红至黑色，胸部大于头部，腹部大于胸部。无翅雌性蚜体长1.5~2mm，赤褐或橙红色，额瘤外倾；腹管圆筒形，稍弯曲。有翅雄性蚜与秋季迁移蚜相似，体形稍小，腹部背面黑斑较大。

桃蚜无翅孤雌胎生蚜

【发生规律】 北京一年发生10余代，以卵在桃树的枝梢、芽腋和树皮裂缝等处越冬。翌年3月上旬越冬卵开始孵化，以孤雌胎生方式繁殖，先群集在芽上为害，展叶后多聚集在叶背取食,胎生若蚜。4~5月繁殖最甚，为害也最严重，受害叶不规则卷缩或向反面横卷，排出油状体液，5月产生有翅孤雌胎生雌蚜，陆续迁移到花卉、蔬菜和农作物等夏寄主植物上去繁殖和为害,9~10月又迁回桃树为害，出现性蚜，交尾后于11月上旬产卵，以卵越冬。

【防治方法】 ①春季越冬卵孵化后尚未进入繁殖阶段和秋季蚜虫产卵前，分别喷施10%吡虫啉可湿性粉剂2000倍液进行防治。②虫量不多时以清水冲洗芽、嫩枝和叶背。③冬季或早春寄主植物发芽前喷洒石硫合剂。④利用黄色粘虫板诱粘有翅蚜虫。⑤天敌发生较多情况下尽量不使用农药，以充分发挥瓢虫、草蛉、食蚜蝇、蚜茧蜂、蚜小蜂等天敌的控制作用。

2.18 紫薇长斑蚜

【分布】 华北、华东、华中、华南、西南等地。

【寄主】 紫薇、银薇。

【形态】 无翅孤雌胎生雌蚜体长约1.6mm，椭圆形，黄、黄绿或黄褐色；头、胸部黑斑较多，腹背部有灰绿和黑色斑；触角6节，细长，黄绿色；第1~5节基部黑褐色，为体长的3/5；头部背中有纵纹1条；后足胫节膨大；第1和第3~8腹节背板各具中瘤1对；腹管短筒形；尾片乳头状。有翅

紫薇长斑蚜有翅孤雌胎生蚜和若蚜

孤雌胎生雌蚜体长约 2.1mm，长卵形，黄或黄绿色，具黑色斑纹，触角 6 节，为体长的 2/3；前足基节膨大；第 1～8 腹节板各具中瘤一对，第 1～5 节有缘瘤，每瘤着生短刚毛 1 根；翅脉镶黑边；腹管截短筒状；尾片乳突状，粗毛长 2 根和短毛 7～10 根。有翅雄性蚜体较小，色深，尾片瘤状。若蚜体小，无翅。

【发生规律】 北京一年发生 10 余代，以卵在其寄主植物芽腋或树皮裂缝中越冬。翌年 5 月下旬开始迁至寄主植物紫薇上繁殖为害，产生无翅孤雌胎生雌蚜，8 月危害最严重。炎热夏季和阴雨连绵时虫口密度下降。秋初产有翅蚜，陆续迁移至其他植物当年新梢、芽腋等处产卵，以卵越冬。

【防治方法】 ①大发生期喷洒 10% 吡虫啉可湿性粉剂 2000 倍液或 1% 印楝素水剂 7000 倍液。②保护蚜小蜂、黑缘红瓢虫、全北褐蛉、中华草蛉等天敌。

2.19 月季长管蚜

【分布】吉林、辽宁、华北、华东、华中、陕西等地。

【寄主】月季、蔷薇、白兰等。

【形态】无翅雌蚜：体长 4mm 左右。长卵形，黄绿色，有时橘红色。腹管长圆筒形，端部有瓦纹。尾片较长，长圆锥形，有曲毛 7～9 根。有翅雌蚜：草绿色，第 8 腹节有块横带斑。尾片有曲毛 9～11 根。

【发生规律】 一年发生 10 代左右，不同地区发生代数有异，以成、若蚜在寄主、草丛、落叶层中越冬。在气温 20℃左右，加之干旱少雨时，有利于其发生与繁殖。盛夏阴雨连天不利于蚜虫发生与为害。秋季又迁回

月季长管蚜有翅和无翅孤雌胎生蚜

月季等冬寄主上为害与产卵。每年以 5～6 月、9～10 月发生严重。北方冬季高温温室内，可继续发生为害。

【防治方法】①合理修剪，保持通风透光，控制虫口上升。②在卵孵化初期，向枝叶喷洒 1.2% 苦·烟乳油 1000 倍液或 10% 吡虫啉可湿性粉剂 2000 倍液。③居室内盆花可向叶面喷洒中性洗衣粉 200 倍液。④植物冬眠时喷洒 3～5 波美度石硫合剂。

2.20 合欢羞木虱

【分布】辽宁、华北、华中、华东、河南、陕西、甘肃、宁夏、贵州等地。

【寄主】合欢、山槐。

【形态】成虫：体长 2.3～2.7mm，绿、黄绿、黄或褐色（越冬体），触角黄至黄褐色，头胸等宽，前胸背板长方形，侧缝伸至背板两侧缘中央；胫节端距 5 个（内 4 外 1），跗节爪状距 2 个，前翅痣长三角形。

【发生规律】北京一年发生 2 代，以成虫在落叶内、杂草丛中、土块下越冬。成、若虫群体为害，造成叶黄和大量提前落叶。

【防治方法】①冬季剪除越冬卵。②于 5 月成虫交尾产卵时或发生盛期，向枝叶喷洒 10% 吡虫啉可湿性粉剂 2000 倍液，48% 乐斯本乳油 3500 倍液或 25% 扑虱灵可湿性粉剂 1000 倍液。

合欢羞木虱成、若虫刺吸合欢嫩叶

2.21 中国槐蚜

【分布】辽宁、西北、华北、山东、四川等地。

【寄主】槐。

【形态】无翅孤雌胎生蚜：体卵圆形，黑褐色，被白粉；中胸背斑明显，腹背中、侧、缘斑不愈合；体背毛尖，腹面多毛；腹部仅 1/10 为黑斑覆盖，第 1 腹节毛为触角第 3 节基宽 1.3 倍；腹管长圆筒形，长为尾片的 1.5 倍，尾片舌形，尾板半圆形。有翅孤雌胎生蚜：体长卵形，黑褐色，被幼白粉；第 1~6 腹节背中斑呈短横带。

【发生规律】北京一年发生 20 余代，以无翅孤雌胎生雌蚜在地丁上越冬。常盖满槐树嫩梢 10~15cm 及豆荚，使受害节间缩短，幼叶生长停滞。3~4 月在越冬杂草上大量繁殖，5 月初迁飞到槐树为害，5~6 月为害最重，6 月后迁向杂草为害，8 月下旬又迁回槐树，9 月末迁向杂草越冬。

【防治方法】①为害初期向槐树喷洒 10% 吡虫啉可湿性粉剂 2000 倍液。②保护天敌（草蛉、瓢虫、蚜茧蜂、食蚜蝇、小花蝽等）。

中国槐蚜无翅雌性蚜

中国槐蚜布满槐枝

2.22 东亚接骨木蚜

【**分布**】辽宁、华北、山东等地。

【**寄主**】接骨木。

【**形态**】无翅孤雌胎生蚜：体长约2.3mm，卵圆形，黑蓝色，具光泽；触角第6节基部短于鞭部的1/2，长于第4节；前胸和各腹节分别有缘瘤1对；足黑色，体毛尖锐；腹管长筒形，长为尾片长的2.5倍；喙几乎达后足基节；尾片舌状，毛14～18根，尾板半圆形。有翅孤雌胎生蚜：体长约2.4mm，长卵形，黑色有光泽，足黑色；触角第6节鞭部长于第4节；腹部有缘瘤；腹管长于触角第3节。

【**发生规律**】北京一年发生数代，以卵在接骨木上越冬。一年4月孵化，群集与寄主嫩梢和嫩叶背面危害，5～6月危害严重。

【**防治方法**】①冬季喷洒3～5波美度石硫合剂或95%蚧螨灵乳剂400倍液，杀灭越冬卵。②发生初期喷洒10%吡虫啉可湿性粉剂2000倍液。③保护天敌（蚜茧蜂、瓢虫、草蛉、食蚜蝇等）。

东亚接骨木蚜无翅孤雌胎生蚜和若蚜

2.23 紫藤否蚜

【**分布**】辽宁、华北、华东等地。

【**寄主**】紫藤。

【**形态**】无翅孤雌胎生蚜：体长约3.3mm，卵圆形，棕褐、黑褐色；头、前胸背有颗粒状微刺，胸、腹背有小刺突组成的曲纹；中额略明显，额瘤隆起，内缘圆，外倾；触角稍长于体，节间斑黑色，腹岔有短柄；体背毛粗大、长尖；腹管长筒形，长为尾片3倍以上，尾片短圆锥形，毛12～16根，尾板端圆形。有翅孤雌胎生蚜：体长约3.3mm，卵圆形，头、胸黑色，腹部褐色有黑斑；翅黑色，前翅2肘脉镶黑边；腹管端有网纹2～3排，中有瓦纹；尾片长毛14根。

【**发生规律**】北京一年发生约8代，以卵在紫藤上越冬。4月零星发生，集中在嫩梢为害，6～7月常盖满15～25cm甚至60cm内嫩梢周围，使生长停止。夏季一度下降，秋季复增。

【**防治方法**】①冬季向紫藤喷洒3～5波美度石硫合剂，杀灭越冬卵。②发生初期喷洒10%吡虫啉可湿性粉剂2000倍液。

紫藤否蚜各虫态

2.24 棉蚜

【分布】全国各地。

【寄主】木槿、石榴、鼠李、紫叶李、扶桑、紫荆、玫瑰、梅、常春藤、茶花、大叶黄杨、夹竹桃、蜀葵、牡丹、菊花、一串红、仙客来、鸡冠花等。

【形态】干母：体长约 1.6mm，茶褐色；触角 5 节，为体长之半。无翅孤雌胎生蚜：体长约 1.9mm，卵圆形；春季体深绿、黄褐、黑、棕、蓝黑色，夏季体黄、黄绿色，秋季体深绿、暗绿、黑色等，体外被有薄层蜡粉；中额瘤隆起；触角 6 节；腹管较短，圆筒形，灰黑至黑色；尾片圆锥形，近中部收缩，曲毛 4～5 根。有翅孤雌胎生蚜：体长约 2.2mm，黄、浅绿或深绿色或深绿色，头、前胸背板黑色；腹部春秋黑蓝色，夏季淡黄或绿色；触角 6 节，短于体；腹部两侧有黑斑 3～4 对，腹管短，为体长的 1/10，圆筒形；尾片短于腹管之半，曲毛 4～7 根。无翅雌性蚜：体长 1～1.5mm，灰黑、墨绿、暗红或赤褐色；触角 5 节；后足胫节发达；腹管小而黑色。有翅雄性蚜：体长 1.3～1.9mm，深绿、灰黄、暗红、赤褐等色；触角 6 节。卵：椭圆形，初产时橙黄色，后变黑色，有光泽。有翅若蚜体被蜡粉，两侧有短小翅芽，夏季体淡黄色，秋季体灰黄色。无翅若蚜 1 龄体淡绿色，触角 4 节，腹管长宽相等；2 龄体蓝绿色，触角 5 节，腹管长为宽的 2 倍；3 龄体蓝绿色，触角 5 节，腹管长约为 1 龄的两倍；4 龄体蓝绿、黄绿色，触角 6 节，腹管长约为 2 龄的 2 倍。体夏季多为黄绿色，秋季多为蓝绿色。

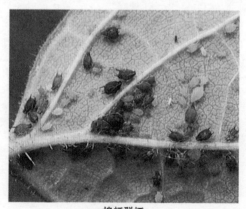

棉蚜群栖

【发生规律】 北京一年发生 10 多代，以卵在木槿、石榴等枝条芽腋间越冬。翌年 3 月上旬越冬卵开始孵化，在越冬寄主繁殖 3～4 代，4 月中旬至 6 月下旬为害盛期，并产生有翅蚜。多群集于叶背、花蕾等处为害，使叶片皱缩、变黄、脱落，并分泌蜜露，诱发煤污病。6 月产生大量有翅蚜，陆续迁往夏寄主为害，9 月下旬又迁回第一寄主，10 月雌雄性蚜交尾、产卵，以卵越冬。

【防治方法】 ①合理修剪，做到通风透光，减少虫口密度。②春季越冬卵刚孵化和秋季蚜虫产卵前各喷施 10% 吡虫啉可湿性粉剂 2000 倍液或 1.2% 苦·烟乳油 1000 倍液进行防治。③冬季或早春剪除有卵枝条或喷施石硫合剂。④利用黄色粘胶板诱粘有翅蚜虫。⑤天敌较多时应尽量利用天敌自然控制。

2.25 柳蚜

【分布】 辽宁、华北、华东、河南、甘肃、新疆等地。

【寄主】 柳。

【形态】 无翅孤雌胎生蚜：体长约 2.1mm，蓝绿、绿、黄绿色，腹管白色，顶端黑色，被薄粉，附肢淡色；中胸腹岔有短柄；中额平；体侧具缘瘤，以前胸者最大；腹管长圆筒形，向端部渐细，有瓦纹、缘突和切迹；尾片长圆锥形，近中部收缩，有曲毛 9～13 根。有翅孤雌胎生蚜：体长约 1.9mm，头、胸黑绿色，腹部黄绿色；腹管灰黑至黑色，前斑小，后斑大。

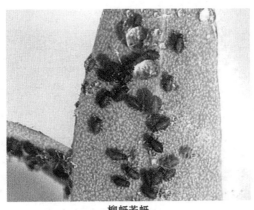

柳蚜若蚜

【发生规律】北京一年发生数代，以卵越冬。此蚜为柳树常见害虫，群集于柳树嫩梢及嫩叶背面，有时盖满嫩梢 15～20cm 以内和叶背面，尤喜为害根生蘖枝及修剪后生出的蘖枝。5～7 月大量发生。夏季不发生雌、雄性蚜，不以受精卵越夏，而以孤雌胎生蚜继续繁殖。天敌有双带盘瓢虫、大突肩瓢虫和小花蝽。

【防治方法】①冬季喷洒 3～5 波美度石硫合剂，杀灭越冬卵。②发生初期喷洒 10% 吡虫啉可湿性粉剂 2000 倍液。③保护天敌瓢虫、蚜茧蜂、食蚜蝇等。④剪除严重嫩梢。

2.26 蔷薇长管蚜

【分布】全国各地。

【寄主】蔷薇、月季、丰花月季、蔓藤月季、玫瑰、野蔷薇等。

【形态】无翅孤雌胎生雌蚜：体长约 3mm，长卵形，头部浅绿色，胸、腹部草绿色，有时略带红色；腹管和尾片浅黑色，尾片较长，圆锥形，着生曲毛 7～9 根。有翅孤雌胎生雌蚜：体草绿色，尾片上有曲毛 9～11 根。若蚜：体相似无翅成蚜，无翅。

【发生规律】北京一年发生 10 余代，以卵在寄主幼枝等处越冬。翌年月季萌芽时卵孵化，为害新梢幼叶，5 月后产生有翅孤雌胎生雌蚜迁移到杂草为害与繁殖。秋季又迁回月季等蔷薇花木上为害与产卵。以 5～6 月和 9～10 月危害严重。气候干燥、气温约 20℃时，有利于发生与繁殖。北方冬季温室内可继续发生为害。

蔷薇长管蚜有翅孤雌胎生蚜

蔷薇长管蚜无翅孤雌胎生蚜寄生于玫瑰叶上

【防治方法】①温室和花卉大棚内，采用黄绿色灯光或黄色粘虫板诱粘有翅蚜虫。②发生初期喷洒 10%吡虫啉可湿性粉剂 2000 倍液。③保护天敌，如寄生性小蜂类和捕食性瓢虫类。

2.27 金针瘤蚜

【分布】辽宁、华北、河南、甘肃、青海、广东、台湾等地。

【寄主】萱草、金针菜。

【形态】无翅孤雌胎生蚜：体长约 2.1mm，长卵形，白绿至黄绿色；中额平直额瘤明显隆起，半圆形；触角粗短，为体长之半；头、背有圆形颗粒；胸、腹部表皮粗糙，有明显鳞状曲纹；中胸腹岔有长柄；胫节基部光滑；体无斑纹，体毛短钝不明显；腹管长筒形，淡色，基宽端细，有缘突；尾片圆锥形，毛 4～5 根，尾板半圆形。有翅孤雌胎生蚜：体长约 2mm，长卵形，头、胸黑褐色，腹部淡绿色；触角短于体长；第 1～6 腹节淡绿色；触角短于体长；第 1～6 腹节背片有大型缘斑，其他特征与无翅型相似。

【发生规律】北京一年发生数代以卵在根际越冬。一年 3 月开始发生，5 月大量发生于寄主植物的心叶及嫩叶基部，常在基部 9～13cm 部位盖满此蚜。6 月蚜虫数量下降。

【防治方法】①初春向萱草等寄主根部浇灌 3 波美度石硫合剂，杀灭根际越冬卵。②春季向萱草等叶基部喷洒 10%吡虫啉可湿性粉剂 2000 倍液。

金针瘤蚜若蚜

2.28 杨平翅绵蚜

【分布】东北、华北、山东等地。

【寄主】杨。

【形态】无翅孤雌胎生蚜：体长约 1.6mm，灰黄、灰黄绿至灰白色，被白粉及蜡丝，触角 6 节；头部与前胸愈合，前、中胸间有灰黑色节间斑 1 个，第 7 腹节侧缘有蜡片 2 个，第 8 腹节有中斑 1 对，第 7、8 腹节有缘瘤，腹管小环状，尾片 5 毛与尾片末端均为圆形。有翅雌性蚜：体长约 1.8mm，椭圆形，头、胸黑色，腹暗黄绿色，无斑纹和节间斑；体背毛少而短；前翅中脉分 2 叉；脉镶粗黑晕，静止时翅平置于体背；腹管环形孔状，尾片短圆锥形毛 8～9 根，尾板舌形。有翅雄性蚜：体长约 1.5mm，椭圆形，胸黑色，腹淡色而有灰黑斑，第 1～7 腹节有缘斑；腹管短截形，尾板长方形。

【发生规律】北京以卵越冬。在树干、根基部及树枝皮缝中为害，蚜体被有蜡粉及蜡丝，易发生。以受伤或修剪的枝干受害重，较少发生有翅蚜，秋季发生产卵的有翅雌、雄性蚜，交配、产卵并越冬。

【防治方法】向发生期枝、干喷洒 10% 吡虫啉可湿性粉剂 2000 倍液或 3% 高渗苯氧威乳油 3000 倍液。

杨平翅绵蚜无翅孤雌胎生蚜　　　　　杨平翅绵蚜无翅孤雌胎生蚜

2.29　竹梢凸唇斑蚜

【分布】华北、华东、四川、云南、陕西等地。

【寄主】竹。

【形态】有翅孤雌胎生蚜：体长约 2.3mm，长卵形，淡绿、绿或绿褐色，无斑纹；毛瘤 4 对；触角 6 节，短于体；前胸和第 1～5 腹节中毛瘤较小，第 17 腹节各具缘瘤 1 对，每瘤生毛 1 根，腹部无斑纹；翅脉正常；腹管短筒形，基部无毛，中毛每节 2 根，无缘突，有切迹；尾片瘤状，毛 10～17 根尾板分 2 片。若蚜：体较小，背毛粗长，顶端扇形。

【发生规律】北京一年发生数代，以卵越冬。在未伸展的幼叶上为害，发生量大，威胁幼竹生长，是常见害虫。

【防治方法】①冬初喷洒 3～5 波美度石硫合剂，杀灭越冬卵。②若虫、成虫发生初期向叶背喷洒 10％吡虫啉可湿性粉剂 2000 倍液或 1.2％苦·烟乳油 1000 倍液。③保护天敌，如瓢虫、草蛉、食蚜蝇和蚜茧蜂等。④株间疏密合理，通风透光。

竹梢凸唇斑蚜有翅孤雌胎生蚜

2.30 核桃黑斑蚜

【分布】辽宁、华北。

【寄主】核桃。

【形态】有翅孤雌胎生蚜：体长约 2mm，椭圆形，活体淡黄色；额瘤不显，喙粗短体被毛短而尖锐；翅脉淡色，中、肘脉基部镶色边；尾片瘤状，尾板分裂为两片。性蚜雌成虫无翅，淡黄绿至橘红色，头、前胸背板有淡褐色斑纹，中胸、第 3～5 腹节背有黑褐色大斑；雄成蚜头胸部灰黑色，腹部淡黄色，第 4、5 腹节背面各有黑色横斑 1 对。卵椭圆形，黄绿至黑色，表面有网纹。若蚜：1 龄体长椭圆形，胸部和第 1～7 腹节背面各有灰黑色椭圆形斑 4 个，第 8 腹节背横斑大；3、4 龄灰褐色斑消失。

【发生规律】北京一年发生 10 余代，以卵在枝条皮缝、芽基、节间等处越冬。4 月孵化高峰。干母发育 17～19 天，5～9 月均有有翅孤雌胎生蚜，秋季出现性蚜，每雌产卵 7～21 粒。

【防治方法】①黄板诱杀。②严重时喷洒 10% 吡虫啉可湿性粉剂 2000 倍液或 65% 苘蒿素水剂 400 倍液。③保护天敌。

核桃黑斑蚜无翅孤雌胎生蚜

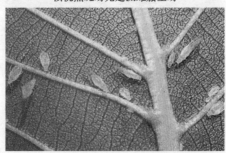

核桃黑斑蚜成虫和若蚜

2.31 柳黑毛蚜

【分布】东北、华东、河南、华中、华南、四川、宁夏、陕西。

【寄主】柳。

【形态】无翅孤雌胎生蚜：体长约 1.4mm，黑色；头及各胸节分离，后足胫节基部稍膨大，有伪感觉圈，表皮有微刺组成互状纹，毛尖锐，部分分岔；喙达中足基节，端节有次生刚毛 2 对；触角 6 节，为体长的 1/2，第 3 节毛 5 根；第 1～7 腹节背片有愈合的背大斑 1 个，各缘斑黑色加厚；腹管截断形，有网纹，尾片瘤状，毛 6～7 根。有翅孤雌胎生蚜：体长约 1.5mm，黑色，附肢淡色；体毛尖锐；触角 6 节，腹背有大斑；翅脉正常，有晕；腹管短筒形，有缘突和切迹；尾片瘤状，毛 7～8 根。

【发生规律】北京一年发生 20 余代，以卵在枝上越冬，翌年 3 月柳树发芽时越冬卵孵化，在柳叶正面沿中脉为害，严重时常盖满叶片，盛发时虫体在枝干、地面爬行，大量落叶。5～6 月大量发生，多数世代为无翅孤雌胎生蚜，仅 5 月下旬至 6 月上旬发生有翅孤雌胎生蚜，扩散迁飞，雨季种群数量下降，10 月下旬雌、雄性蚜出现，交配后在柳枝上产卵越冬。

【防治方法】4 月至 5 月中旬是防治有利时机，喷洒 10%吡虫啉可湿性粉剂 2000 倍液、1.2%苦·烟乳油 1000 倍液或 3%高渗苯氧威乳油 3000 倍液。

柳黑毛蚜成蚜被寄生

2.32 柳瘤大蚜

【分布】辽宁、西北、华北、华中、华东、云南等地。

【寄主】柳。

【形态】无翅孤雌胎生蚜：体长约 3.5～4.5mm，灰黑或黑灰色，全体密被细毛；复眼黑褐色；触角 6 节，黑色，上着生毛；口器针状，长达腹部；腹部膨大，第 3 节有亚生感觉孔 2 个，第 4 节有 1～3 个，第 5 节背面右侧有锥形突起瘤；腹管扁平，圆锥形，尾片半月形；足暗红褐色，密生细毛，后足特长。有翅孤雌胎生蚜：体长约 4mm，头、胸部色深，腹部色浅；翅透明，翅痣细长；第 3 腹节有大而圆亚生感觉孔 10 个，第 4 节有 3 个。

【发生规律】北京一年发生 10 多代，以成虫在主干下部的树皮缝隙内越冬。翌年 3 月开始活动，4～5 月大量繁衍盛发，形成灾害，7～8 月数量明显减少，9～10 月再度猖獗为害，11 月中旬以后开始潜藏越冬。主要在枝分叉处群集为害。大量发生时所分泌的蜜露纷纷飘落如微雨，地面恰似喷洒上一层褐色胶汁。常诱发煤污病，严重时枝枯叶黄。

【防治方法】①安置黄色胶板或黄色灯光诱杀。②剪除和烧毁聚生为害的虫枝。③喷洒 10% 吡虫啉可湿性粉剂 2000 倍液或烟草水 50～100 倍液，每周 1 次，连续喷 2～3 次。

柳瘤大蚜无翅孤雌胎生蚜和若蚜刺吸柳枝汁液

2.33 日本履绵蚧（草履蚧）

【分布】辽宁、西北、华北、华中、华东等地。

【寄主】柳、槐、白蜡、臭椿、柿、枫杨、板栗、胡枝子、苹果、樱花、玉兰、蜡梅、玫瑰、黄刺玫、海棠、扶桑、珊瑚树、月季、大丽花。

【形态】雌成虫体长7.8～10mm，宽4～5.5mm，椭圆形，形似草鞋，背略突起，腹面平，体背暗褐色，边缘橘黄色，背中线淡褐色，触角和足亮黑色；体分节明显，胸背可见3节，腹背8节，多横皱褶和纵沟；体被细长的白色蜡粉。雄成虫体紫红色，长5～6mm，翅1对，翅展约10mm，淡黑至紫蓝色，前缘脉红色；触角10节，除基部2节外，其他各节生有长毛，毛呈三轮形；头部和前胸红紫色，足黑色，尾瘤长，2对。卵椭圆形，长约1mm，初为淡黄色，后为褐黄色，外被粉白色卵囊。若虫体灰褐色，外形似雌成虫，初孵时长约2mm。蛹体圆筒形，长约5mm，褐色，外有白色棉絮状物。

【发生规律】北京一年发生1代，大多以卵在卵囊内于寄主植物根际附近土壤、墙缝、树皮缝、枯枝落叶层及石块堆下越冬，极个别以1龄若虫越冬。翌年冬末当白天最高温度达3℃时越冬卵即开始孵化出蛰，爬离土壤顺着枝干爬向树木幼嫩部分，寄生在芽腋、嫩梢、叶片和枝干。3月末4月初1龄若虫第1次蜕皮进入2龄，并开始分泌蜡质物；4月中下旬2龄若虫蜕皮进入3龄，若虫自此开始出现雌雄分化，雄若虫此后停止取食，潜伏于树缝、树皮、土缝、杂草等处分泌大量蜡丝缠身，化蛹其中，蛹期约10天，4月末雄成虫开始羽化；3龄雌若虫继续发育为害，直至4月末开始第3次蜕皮变成雌成虫。雄成虫多数在晚间寻找雌成虫交尾，5月中旬为交尾盛期。雄成虫有趋光性，寿命约3天；交尾后的雌成虫仍继续为害，到6月中下旬开始下树，钻入根际附近的土壤、墙缝、树皮缝、枯枝落叶层及石块堆下，分泌白色蜡丝围成卵囊，产卵其上，再分泌蜡质覆盖卵粒，然后再次重叠产卵其上，依此类推，一般产卵5～8层，每层20～30粒卵；每雌产卵100～180粒，多者达261粒，产卵期4～6天，产卵结束后雌成虫逐渐干瘪死亡。卵的自然死亡率与当时土层含水量关系密切，雌成虫入土后，土层湿润则死亡率低，干旱则会引起成虫和卵的死亡。

【防治方法】①加强检疫，在发生区挖运苗木时禁止带土，以防止传播在土中越冬的卵或新卵若虫。②搞好林地环境卫生，清除林地砖头堆、

日本履绵蚧雌成虫（自左至右：未受精、受精、孕卵）

渣土、垃圾和杂草等，消灭越冬虫卵。③冬末（2月下旬）树液即将开始
流动时，在树干基部上方涂闭合粘虫胶环或绑缚闭合塑料环，胶或环宽约
20cm，粘杀或阻止上树若虫。④幼龄或爬行若虫期，可喷洒3%高渗苯氧
威乳油3000倍或10%吡虫啉可湿性粉剂2000倍液，喷洒时再加入千分
之一的中性洗衣粉，以增加药效。⑤天敌发生盛期不得喷洒伤害天敌的药
剂，但可喷洒针对性强的无公害农药。捕食性天敌主要有红环瓢虫、黑缘
红瓢虫，寄生性天敌主要有草履蚧花翅跳小蜂、草履蚧白僵菌等。

2.34 澳洲吹绵蚧

【分布】华东、华中、华南、西南、北方温室。

【寄主】海桐、桂花、梅、牡丹、广玉兰、芍药、含笑、玉兰、夹竹
桃、扶桑、月季、蔷薇、玫瑰、米兰、石榴、南天竹、鸡冠花、金橘、常
春藤、蒲葵及月桂等80科250余种。

【形态】雌成虫：体长5～10mm，宽4～6mm，椭圆形或长椭圆形，
背部向上隆起，以中央向上隆起较高，腹部平坦；体橘红或暗红色，足和
触角黑色，体表有黑色短毛，背被白色蜡。雄成虫：体长约3mm，胸部
红紫色，有黑骨片，腹部橘红色，前翅狭长，暗褐色，基角处有囊状突起
1个，后翅退化成匙形的似平衡棒，腹末有肉质短尾瘤2个，其端有刚毛
3～4根。卵：长椭圆形，长约0.7mm，初产时橙黄色，后橘红色。卵囊：
从腹末后方生出，白色，半卵形或长形，突出而隆起，不分裂而成一整体，
与体同长，与体腹成45°角，囊表有明显纵脊14～16条。若虫：雌性3龄，
雄性2龄，各龄均椭圆形，眼、触角及足均黑色；1龄橘红色，触角端部

膨大，有长毛4根，腹末有与体等长的尾毛3对；2龄体背红褐色，上覆黄色蜡粉，散生黑毛，雄性体较长，体表蜡粉及银白色细长蜡丝均较少，行动较活泼；3龄均属雌性，体红褐色，表面布满蜡粉及蜡丝，黑毛发达。蛹体长约3.5mm，橘红色，被有白色薄蜡粉。茧：由白蜡丝组成，长椭圆形，白色，质疏松。

【发生规律】北京一年发生2代（室外），室外不能越冬，温室内常年为害，无明显越冬现象。寄生在叶反面及枝梢。若虫孵化期为5月中旬至6月中旬，7月中旬至11月中旬；温湿度对其发生关系密切，适宜于温暖高湿环境，适宜活动温度为22～28℃，干热则不利，高于39℃则容易死亡。雌成虫年轻期无卵囊，成熟后到产卵才渐渐形成卵囊。

【防治方法】①人工刮除虫体或剪除虫枝，保持植株生长通风透光，减少虫口密度。②若虫期喷施1.2%烟参碱乳剂1000倍液、20%蚧虫净乳油1000倍液，特别要抓住第1代孵化高峰期防治。③保护、利用天敌昆虫，如澳洲瓢虫、大红瓢虫、小红瓢虫、红环瓢虫等。

澳洲吹绵蚧危害状

2.35 日本龟蜡蚧

【分布】华北、华东、华中、华南、西南、陕西等地。

【寄主】悬铃木、枣、蔷薇、玫瑰、紫薇、玉兰、梅、月季、女贞、海棠、石榴、黄杨、桂花、柑橘、珊瑚树、夹竹桃、罗汉松、广玉兰、白兰、含笑、栀子、海桐、天竺葵、无花果、芍药、唐菖蒲、月桂、茶、木瓜、米兰、阴香、马蹄莲、牡丹、丝兰、剑兰等41科百余种植物。

【形态】成虫：雌成虫长4～5mm，体淡褐至紫红色。体背有白蜡壳，较厚，呈椭圆形，背面呈半球形隆起，具龟甲状凹纹。蜡壳背面淡红，边缘乳白色，死后淡红色消失，初淡黄后现出虫体呈红褐色。雄体长1～1.4mm，淡红至紫红色，触角丝状，眼黑色，翅1对，白色透明，具2条粗脉，足细小，腹末略细，性刺色淡。卵：长0.2～0.3mm，椭圆形，初淡橙黄后紫红色。

初孵若虫：体长0.4mm，椭圆形，淡红褐色，触角和足发达，灰白色，腹末有1对长毛，周边有12～15个蜡角。后期蜡壳加厚雌雄形态分化，雄与雌成虫相似，雄蜡壳长椭圆形，周围有13个蜡角似星芒状。蛹：长1mm，梭形，棕色，性刺笔尖状。

【发生规律】该虫一年生1代，以受精雌虫在1～2年生枝上越冬。翌年春季植株发芽时开始为害，成熟后产卵于腹下。5～6月为产卵盛期，卵期10～24天。初孵若虫多爬到嫩枝、叶柄、叶面上固着取食，8月中旬至9月为化蛹期，蛹期8～20天。8月下旬至10月上旬为成虫羽化期，雄成虫寿命1～5天，交配后即死亡，雌虫陆续由叶转到枝上固着为害，至秋后越冬。可行孤雌生殖，子代均为雄性。主要天敌有瓢虫、草蛉、寄生蜂等。

日本龟蜡蚧雌成虫蜡壳

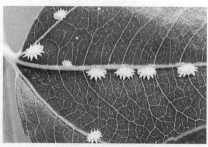

日本龟蜡蚧雄若虫蜡壳

【防治方法】 ①冬季树木越冬期向枝干喷洒 3～5 波美度石硫合剂，杀死越冬若虫。②植物生长期的防治应立足于初孵若虫期，在未形成蜡质或刚开始形成蜡质层时进行及时防治，喷洒 25% 高渗苯氧威可湿性粉剂 300 倍液、20% 速克灭乳油 1000 倍液或 10% 吡虫啉可湿性粉剂 2000 倍液。切忌喷洒毒性较高的化学农药，以利于保护天敌。③冬季和夏季对树木进行适度修剪，剪除过密枝和虫枝，利于通风透光，不利于蚧体发育。

2.36　白蜡蚧

【分布】 东北、西北、华北、华中、华东、云南等地。

【寄主】 女贞、小叶女贞、长叶女贞、日本女贞、大叶白蜡树、小叶白蜡树及水蜡等冬青属、白蜡属、漆树属、木槿属和女贞属 20 余种植物。

【形态】 白蜡蚧俗称白蜡虫，是蜡蚧科昆虫中的一种，雌体因背部隆起而外形似半边蚌壳，背面淡红褐色，散生大小不等的淡褐色斑点，腹面黄绿色，经交配后体渐膨大，最后呈半球形，体色转为暗褐。雄体长 2mm 左右，翅展约 5mm，体褐色；单眼 6 对，口器退化；触角丝状，10 节，上生细毛。中胸发达，前翅近于透明。卵：淡黄色，长卵形。

【发生规律】 国槐白蜡蚧多由通风效果不佳，加上持续高温高湿天气，导致国槐易感染白蜡蚧虫害。

【防治方法】 ①初冬或早春树木休眠向枝干喷洒 3～5 波美度石硫合剂，杀灭越冬若虫。②初孵若虫期进行及时防治，喷洒 25% 高渗苯氧威可湿性粉剂 300 倍液、20% 速克灭乳油 1000 倍液或 10% 吡虫啉可湿性粉剂 2000 倍液。③保护天敌。④冬季和夏季对树木进行合理修剪，剪除过密枝和虫枝，利于通风透光，减少虫口密度。

白蜡蚧若虫分泌蜡丝　　　　　　　白蜡蚧若虫

2.37 蔷薇白轮盾蚧

【分布】全国各地。

【寄主】蔷薇、玫瑰、月季、悬钩子、刺莓、梨、杨梅、芒果、臭椿、榆、苏铁、雁来红、龙牙草等。

【形态】雌虫：介壳灰白色，近圆形，直径 2.0～2.4mm。壳点两个，一般偏离介壳中心。雄虫：介壳白色，长约 1mm，宽约 0.3mm，背面有 3 条纵脊和两条纵脊沟。壳点 1 个，淡褐色，位于介壳最前端。成虫：雌成虫体长约 1.19mm，宽约 0.95mm。初期橙黄色，后期紫红色。卵：紫红色，长椭圆形，长径约 0.16mm。若虫：初龄若虫，体橙红色，椭圆形。触角 5 节，末节最长。腹末有 1 对长毛。

【发生规律】北京一年发生 2 代，多以受精雌成虫越冬。多寄生在茎上，4～5 月和 8 月是若虫孵化盛期，7 月上旬和 10 月上旬分别出现成虫，每一雌虫产卵 100 余粒。

【防治方法】①做好苗木的产地检疫，严禁调运带虫苗木。②初冬对植株喷洒 3～5 波美度石硫合剂，杀灭越冬蚧体。③合理修剪，使之通风透光，创造不利于蚧虫生长发育的条件。④初孵若虫期喷洒 95% 蚧螨灵乳剂 400 倍液、20% 速客灭乳油 1000 倍液或 10% 吡虫啉可湿性粉剂 2000 倍液或中性洗衣粉 200 倍液。⑤天敌发生盛期严禁喷洒化学农药。

蔷薇白轮盾蚧雄成虫介壳

蔷薇白轮盾蚧雌雄成虫介壳及寄生状

2.38 桑白盾蚧

【分布】全国各地。

【寄主】桃、桑、槐、核桃、李、杏、樱花、茶、悬铃木、连翘、丁香、槭属、合欢、葡萄、梅、柿、栗、银杏、杨、柳、白蜡、榆、黄杨、朴、女贞、木槿、玫瑰、樟、天竺葵、芙蓉、芍药、小檗、羊蹄甲、油桐、无花果、杧果、夹竹桃、苏铁等。

【形态】雌成虫：介壳直径2~2.5mm，圆或椭圆形，白、黄白或灰白色，隆起，常混有植物表皮组织；壳点2个，偏边，不突出介壳外，第1壳点淡黄色，有时突出介壳之外，第2壳点红棕或橘黄色；腹壳很薄，白色，常残留在植物上。虫体陀螺形，长约1mm，淡黄至橘红色；臀叶5对，中叶和侧叶内叶发达，外叶退化，第3~5叶均为锥状突，中叶突出近三角形，不显凹缺，内外缘各有2~3凹切，基部轱连；背腺分布于第2~5腹节成亚中、亚缘列，第6腹节无或偶见；第1腹节每侧各有亚缘背疤1个；肛门靠近臀板中央，臀板背基部每侧各有细长肛前疤1个，围阴腺5大群。雄成虫：介壳长形，长约1mm，白色，溶蜡状，两侧平行，背中略现纵脊3条；壳点黄白色，位于前端。

【发生规律】北京一年发生2代，以受精雌成虫在枝干上越冬。翌年4月末产卵于介壳下，每雌产卵量可多达150余粒，卵期约15天，5月中旬若虫开始孵化，选择幼嫩枝条固定为害，5~7天后分泌白色蜡质物形成介壳。6月中旬雄虫羽化，7月中旬雌虫产第2代卵，7月末第2代若虫孵化，9月中旬第2代雄成虫羽化，雌虫受精后越冬。雄虫群集、排列

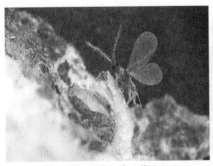

桑白盾蚧雄成虫体（待飞）

桑白盾蚧群寄槐树愈伤组织

整齐，呈白色有光泽虫块；雌虫密集、重叠三四层，集中数目比雄虫多。喜为害幼树主干和三四年生枝条，喜聚集在侧枝背面阴部位，树冠中央主枝和被害严重枝不受方向限制。

【防治方法】①冬春季节人工刮除干上的虫体或结合修剪剪除被害枝条，集中烧毁。②冬季对植株喷洒 3～5 波美度石硫合剂，杀灭越冬蚧体。③若虫孵化盛期喷洒 95% 蚧螨灵乳剂 400 倍液、20% 速客灭乳油 1000 倍液或 10% 吡虫啉可湿性粉剂 2000 倍液。④保护天敌。

2.39 花蓟马

【分布】全国各地。

【寄主】桃、桑、槐、核桃、李、杏、樱花、茶、悬铃木、连翘、丁香、槭属、合欢、葡萄、梅、柿、栗、银杏、杨、柳、白蜡、榆、黄杨、朴、女贞、木槿、玫瑰、樟、天竺葵、芙蓉、芍药、小檗、羊蹄甲、油桐、无花果、杧果、夹竹桃、苏铁等。

【形态】成虫：体长 1.4mm。褐色；头、胸部稍浅，前腿节端部和胫节浅褐色。触角第 1、2 和第 6～8 节褐色，3～5 节黄色，但第 5 节端半部褐色。前翅微黄色。腹部 1～7 背板前缘线暗褐色。头背复眼后有横纹。单眼间鬃较粗长，位于后单眼前方。触角 8 节，较粗；第 3、4 节具叉状

花蓟马成虫

感觉锥。前胸前缘鬃4对，亚中对和前角鬃长；后缘鬃5对，后角外鬃较长。前翅前缘鬃27根，前脉鬃均匀排列，21根；后脉鬃18根。腹部第1背板布满横纹，第2～8背板仅两侧有横线纹。第5～8背板两侧具微弯梳；第8背板后缘梳完整，梳毛稀疏而小。雄虫较雌虫小，黄色。腹板3～7节有近似哑铃形的腺域。卵：肾形，长0.2mm，宽0.1mm。孵化前显现出两个红色眼点。二龄若虫：体长约1mm，基色黄；复眼红；触角7节，第3、4节最长，第3节有覆瓦状环纹，第4节有环状排列的微鬃；胸、腹部背面体鬃尖端微圆钝；第9腹节后缘有一圈清楚的微齿。

【发生规律】北京一年发生近10代，温室条件下终年发生，世代重叠，每代历时15～30天。成虫活跃，有较强的趋花性，主要寄生在花内，怕阳光，卵产于以花为主的组织内，并以花瓣、花丝为多，其次是花萼、花柄和叶组织。每雌产卵约80粒，1～2龄若虫活动力不强，3～4龄若虫不食不动。在不同植株间可以互相转移为害，高温、干旱易于大发生，多雨对其不利。

【防治方法】①早春清除和烧毁残枝败叶，也可向土中浇10%吡虫啉可湿性粉剂1000倍液，消灭越冬成虫。②在越冬代产卵前或5～6月和8～9月向花器喷洒爱福丁等内吸、触杀剂。

2.40 山楂叶螨

【分布】东北、华北、华中、华东、华南、西南等地。

【寄主】山楂、榆叶梅、海棠、石榴、山桃、锦葵、榕树、美国芙蓉、马蹄莲、海芋等多种植物。

【形态】雌成螨：体长约0.5mm，背深红色，前方稍微隆起，足和颚体橘黄色，体有刚毛26根。雄成螨：体长约0.4mm，腹部较狭，末端尖，橙黄或浅绿色。幼螨：体长约0.4mm，圆球形，橙红色，足3对。若螨体形似成虫，黄绿色，前期体背有刚毛，两侧有明显黑绿色斑纹，后期可辨雌雄，足4对。卵球形，有光泽。

【发生规律】北京一年发生约7代，以受精雌成螨在枝干树皮裂缝内、树干基部土缝间、枯草或落叶层下越冬。翌年4月越冬螨开始活动，7～8月繁殖快，数量多，是全年为害高峰期。常在叶背、花蕾刺吸为害并吐丝拉网，可使受害叶片失绿呈灰黄斑点，造成叶片焦枯、脱叶。9月下旬出现越冬型雌螨，11月下旬进入越冬。

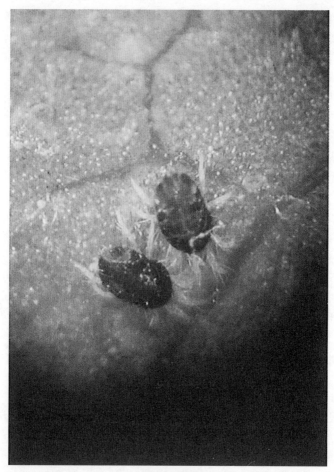

山楂叶螨成螨

【防治方法】①人工防治：合理修剪，发现叶片有灰黄斑点时，应仔细检查叶背和叶面，若个别叶片有螨，应及时摘除将螨处死。②药剂防治：较多叶片发生叶螨时，应及时早喷药，防治早期为害是控制后期猖獗的关键。可喷1.8％爱福丁乳油3000倍液，因螨类易产生抗药性，所以要注意杀螨剂的交替使用。③保护天敌：如六点蓟马、草螨、瓢虫等，对叶螨均有很好的自然控制作用。

2.41 朱砂叶螨

【分布】全国各地。

【寄主】槐、柳、杨、栾树、槭属、梓树、臭椿、枣、山梅花、木槿、羊蹄甲、芍药、牡丹、茉莉、月季、大丽花、万寿菊、一串红、梅、丁香、海棠、迎春等多种植物。

【形态】雌成螨：体长约 0.5mm，卵圆形，朱红或锈红色；体色无季节性变化，体两侧有黑褐色斑纹 2 对，前面 1 对较大，后面 1 对位于体末两侧，后半体背表皮纹组成菱形图案。雄成螨：体长约 0.3mm，菱形，红或浅黄色。卵：球形。幼螨：体近圆形，浅黄或黄绿色，足 3 对。若螨体形和成螨相似，淡褐红色，足 4 对。

【发生规律】北京一年发生 10 余代，以受精雌成螨在土缝、树皮裂缝等处越冬。翌年春季开始为害与繁殖，吐丝拉网，产卵于叶背主脉两侧或蛛丝网下面。每雌螨平均产卵 50～150 粒，雌螨寿命约 30 天。5 月上中旬第 1 代幼螨孵出。7～8 月高温少雨时繁殖迅速，约 10 天繁殖 1 代，危害猖獗，易暴发成灾，出现大量落叶。高温、干热、通风差有利于繁殖和危害，10 月越冬。

朱砂叶螨雌成螨和卵

【防治方法】①及时清除枯枝落叶和杂草，减少螨源。②保护瓢虫、植绥螨、花蝽、塔六点蓟马等天敌。③早春花木发芽前喷施 3～5 波美度石硫合剂，消灭越冬螨体，兼治其他越冬虫卵。④危害期喷施 1.8% 爱福丁乳油 3000 倍液。

2.42 国槐红蜘蛛

【分布】华北、西北等地。

【寄主】国槐、龙爪槐、五叶槐。

【形态】成螨: 雌成螨体长 0.4mm 左右, 倒鸭梨形, 锈褐色或淡红褐色。体背有两行纵行褐斑, 每行 2～3 块, 前端的较大。8 条腿, 黄白色。卵: 初产时淡黄色透明, 后变浅红色, 球形, 直径 0.13mm 左右。若螨: 淡黄色或略带红色, 形态和成螨相似, 短椭圆形, 体长 0.17mm 左右, 比成螨较圆些。

【发生规律】北京一年发生 10 余代，以成螨和若螨在树木的裂缝、土缝里等处越冬。次年 4 月中、下旬（中龄国槐放出新芽 10mm 左右长时）开始活动为害，一般此时螨量较少，不易成灾。5 月上、中旬产卵，中、下旬第 1 代螨为害，进入 6 月螨量大增，槐树内膛靠近树干的小枝上出现明显的被害状，逐渐向外、向上扩展，受害叶片变成灰绿，主脉两侧有黄白小点，叶上有吐的丝和灰尘，叶片两面有大量卵和若螨、成螨。6～7 月发生为害最严重。7 月中旬出现大量黄叶、落叶现象。6 月中旬开始，如遇 37℃以上的高温、干旱，日夜温差很小，并连续一周以上天气时，有螨源的树就会发生猖獗，很快造成严重黄叶、落叶。雨季连续降大雨时，螨量明显下降。成、若螨能借风力传播。9 月开始，如雨量较少，还有一次小的为害高潮，10 月后开始陆续过冬。

【防治方法】①在螨量不超过影响树木生长和观赏时，可用高压喷雾器喷洒清水冲洗树叶，每周可喷 2～3 次，既能改变小环境，又能直接冲洗掉成、若、幼螨；或用 0.1～0.2 波美度的石硫合剂冲洗或喷一些对天敌安全的杀螨剂，如速效浏阳霉素等。②药剂防治: 较多叶片发生叶螨时，应及早喷药，防治早期为害是控制后期猖獗的关键。可喷 1.8% 爱福丁乳油 3000 倍液，因螨类易产生抗药性，所以要注意杀螨剂的交替使用。③干旱季节应及时浇水，以补偿树木因旱和螨害所造成的失水。

2.43 柏红蜘蛛

【分布】华北、东北、西北、华中、华东、华南等地。

【寄主】侧柏、桧柏、沙地柏、龙柏。

【形态】雌成螨：体长 0.3mm 左右，倒鸭梨形。体和后足淡黄白色，前足杏黄色，体背两侧有纵行绿色斑带；有的两个侧斑带的前后端汇合，形成绿色斑占体背的绝大部分。雄成螨：体比雌的小，尾部较尖，体色较淡些。卵：球形，直径 0.11mm 左右，杏黄至杏红色。若螨：体长 0.15mm 左右，浅黄白色，形态与成螨相似，只是色浅，体稍圆些。

【发生规律】北京一年发生 10 多代，以卵在侧柏叶上、桧柏叶稍里等处过冬。次年 4 月上旬（桧柏叶出新芽长 4mm 左右）过冬卵开始孵化，至 4 月中旬全部孵化为害。4 月下旬开始产第 1 代卵，多产在柏叶上。5 月上旬第 1 代幼螨孵化为害，吐丝拉网，开始严重，高温、干旱有利其繁殖。5～7 月为害最严重。柏叶上粘一层灰尘，轻者叶片上出现一些白点，重者叶变灰黄，失水，发干，造成枯叶，严重影响树木生长和观赏。8 月份雨季时螨量下降，9 月份还继续繁殖和为害一段时间。10 月上旬开始产卵过冬。

【防治方法】①在不影响树木生长和观赏的螨量下，可喷清水冲洗或喷 0.1～0.3 波美度的石硫合剂清洗。②药剂防治：较多叶片发生叶螨时，应及早喷药，防治早期为害是控制后期猖獗的关键。可喷 1.8% 爱福丁乳油 3000 倍液，因螨类易产生抗药性，所以要注意杀螨剂的交替使用。③干旱季节注意及时补水。

2.44 松红蜘蛛

【分布】华北、西北、华中、华东、华南等地。

【寄主】油松、云杉、侧柏、黑松。

【形态】成螨：雌成螨体长 0.4mm 左右，椭圆形，淡橙黄色至橙黄色，背部两侧有纵行红褐色斑条，两个斑条前端在体背前端汇合处略呈"山"字形的斑纹。足枯黄色，雄成螨体比雌成螨小，尾部较尖，体淡黄绿色，背部斑块色较淡。卵：球形，直径 0.11mm 左右，杏黄至杏红色。若螨：

形态和成螨相似，只是体较圆，体长 0.15mm 左右，淡黄色，体背两侧斑块的颜色比成螨浅，足黄白色。

【发生规律】 北京一年发生 10 多代，以卵多在松针基部的松枝上过冬。次年 4 月上旬（油松发出新梢平均 3cm 左右长时）过冬卵开始孵化，4 月中旬全部孵化。夏天产卵多在松针两叶之间和松针基部。5 月初出现大量第 1 代若螨，随着身体增大，螨量增多，吐丝拉网日益严重。5 ～ 7 月份为害最严重，受害针叶上出现许多小白点，严重者针叶先变灰绿色，后变为灰黄色，以至形成大量落叶。11 月产卵过冬。

【防治方法】 ①在不影响树木生长和观赏的螨量下，可喷清水冲洗或喷 0.1 ～ 0.3 波美度的石硫合剂清洗。② 药剂防治：较多叶片发生叶螨时，应及早喷药，防治早期为害是控制后期猖獗的关键。可喷 1.8% 爱福丁乳油 3000 倍液，因螨类易产生抗药性，所以要注意杀螨剂的交替使用。③干旱季节注意及时补水。

2.45 杨柳红蜘蛛

【分布】 华北、东北、西北等地。

【寄主】 加杨、垂柳、馒头柳。

【形态】 成螨：雌成螨体椭圆形，长 0.4mm 左右，淡黄绿色。体背两侧各有一行纵行暗绿色斑，足淡黄白色。雄成螨体末端略尖，比雌成螨稍小。卵：球形，直径 0.14mm 左右，淡黄色。若螨：短卵形，体长 0.17mm 左右，淡黄色，足 4 对，体背两侧的斑块不甚明显，形态和成螨相似。

【发生规律】 北京一年发生 10 多代。多在枝、干上过冬。次年 4 月中旬（杨树开始发芽展叶）开始活动为害，5 月下旬至 6 月上旬螨量明显增多，先从树冠下部内膛贴近干、枝的叶片开始，逐渐向外、向上扩展。成、若螨多群集在叶背面、叶基部，也有在叶正面的刺吸汁液为害，被害处出现一片密集的小黄白点，形成一片片灰绿或灰黄色边缘不清的斑块。斑块上面有些成堆的蜕皮和卵壳，卵和若、成螨多集中在其周围活动和为害。叶正面表现失绿，被害斑块不断扩大至全叶，严重时（一般在 7 月份）出现大量黄叶、焦叶和落叶。

【防治方法】①及时清除枯枝落叶和杂草，减少螨源。②保护瓢虫、植绥螨、花蝽、塔六点蓟马等天敌。③早春花木发芽前喷施 3～5 波美度石硫合剂，消灭越冬螨体，兼治其他越冬虫卵。④危害期喷施 1.8% 爱福丁乳油 3000 倍液。

3
食叶害虫

3.1 桑褶翅尺蛾

【分布】吉林、辽宁、华北、陕西、宁夏、内蒙古等地。

【寄主】桑、杨、水蜡、槐树、刺槐、白蜡、核桃、栾树、柳等。

【形态】成虫：体长16mm，体灰褐至黑褐色。翅银灰色，前翅有3条褐色横带，静息时4翅皱叠竖起。卵：椭圆形，中央下凹，初产时银灰色，渐变古铜色，有光泽，成片产于枝干上或叶片上。幼虫：老熟时体黄绿色，体长35mm，1～4腹节背面有刺突，2～4节刺突明显较长，第8腹节背面有褐绿色刺1对，2～5腹节两侧各有淡绿色刺1个。蛹：红褐色，纺锤形。茧：椭圆形，灰褐色，贴于树干基部。

桑褶翅尺蛾中龄幼虫

【发生规律】 北京一年1代，幼虫在树干基部土下的树皮上作茧化蛹过冬。次年3月中旬（山桃花芽刚显粉色、毛白杨雄花刚开）为成虫羽化盛期。雌蛾多成片产卵在枝上，每头产卵700～1100粒，分几次产完，卵期20天左右。4月上旬（中龄刺槐刚发芽）幼虫卵化为害，小时啃食叶肉，大了蚕食整个叶片，白天多在叶柄或小枝上停落，把头卷曲在腹部呈"？"形。5月中旬为幼虫下地化蛹盛期。各龄幼虫均有受惊后吐丝下垂的习性。

检查方法：主要检查树干基部虫茧和叶片被咬成的小孔洞和缺刻。

【防治方法】 ①入冬前在树干基部挖茧蛹。②剪除卵块。③喷洒Bt乳剂500倍液、20%除虫脲悬浮剂7000倍液防止幼虫。

3.2 油松巢蛾

【分布】浙江、山西、山东、辽宁等地。

【寄主】松、柏、冷杉、桧。

【形态】成虫：体长6mm，展翅12mm。体细长，灰褐色，头部有灰白色冠丛，复眼黑色，喙黄色，下唇须较短。触角丝状，超过体长2/3。前翅狭窄，呈柳叶状，缘毛褐色。后翅小而狭，缘毛长超过后翅宽。体及翅面上均密布银色与棕褐色混杂的鳞片，两翅合拢时，后缘毛向上微翘。卵三棱体，每面近菱形，黄色，长径0.5～0.7mm，短径约0.2mm。幼虫：乳白或乳黄色，老熟幼虫体长10mm左右，腹足趾钩为单序全环。化蛹前体缩短，淡绿色，长为5～6mm。蛹体长5～6mm，纤细，黄褐相间，外被白色丝茧。

【发生规律】 危害期5月末至9月末，10月初老熟幼虫钻出针叶化蛹越冬。成虫羽化后，晴天常在针叶上及杂草、灌丛静伏，很少飞舞，除非遇到危险。白天交尾，傍晚产卵，卵多产在1年生的针叶凸起面的近尖端部位，一般1枚针叶上只产1粒卵，幼虫孵化时从卵所接触的针叶处直接进钻入针叶内蛀食，危害一段时间后钻出针叶，粘针叶成束并在其中危害。以蛹和老熟幼虫在针叶束内越冬。发生原因：油松巢蛾分布由南向北推进的主要原因可能是受全球气候变暖的影响，另外，油松巢蛾种群达适生地后，大面积油松纯林又适宜种群的增殖，而天敌种群达不到有效控制害虫的数量，导致油松巢蛾种群迅速扩大。

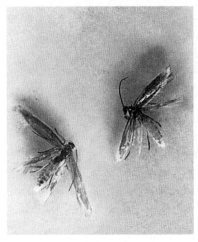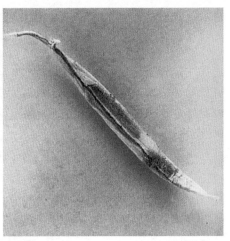

油松巢蛾

【防治方法】①加强营林措施，重视林木检疫工作，防止传播；积极营造针阔混交林，促进生态平衡，抑制害虫蔓延，为自然天敌的栖息创造条件。②加强普查，预测预报，及时掌握发生情况，搞好监测工作。③成虫期、卵期、幼虫初孵期，用5%来福灵乳油500倍液效果好。④老熟幼虫裸露期，用30%氧乐氰菊乳油2000倍液进行树冠喷雾，防效较好。

3.3 合欢巢蛾

【分布】华东、华北等地。

【寄主】合欢。

【形态】成虫：6mm，翅展开12mm，前翅银灰，许多小黑点。卵：椭圆形黑绿色。幼虫：初卵黄绿色渐变黑褐色。蛹：6mm，红褐色。

【发生规律】合欢巢蛾一年发生2代，以蛹在树皮裂缝及周围建筑物的砖缝及檐下越冬。第二年6月下旬合欢盛花期羽化，在叶片上产卵成片状，7月中旬幼虫孵化开始危害，7月下旬化蛹。8月上旬第一代成虫羽化为害。8月下旬为害最严重，9月上中旬开始作茧化蛹越冬。

【防治方法】①利用幼虫受惊后，向后跳动吐丝下垂的习性，可以敲

合欢巢蛾

打树枝，幼虫落地后集中杀死。②冬季或春季即 10 月到第二年的 5 月，或在 7 月底至 8 月初刷除树皮裂缝及清除建筑物的檐下，如窗台下的蛹茧。③第一代幼虫孵化作巢期，剪除虫巢枝。④在幼虫危害初期喷 1500 倍的速杀均有良好效果。

3.4　桃潜蛾

【分布】辽宁、华北、华东等地。

【寄主】山桃、碧桃、李、杏、樱桃。

【形态】成虫：体长约 3mm，翅展约 8mm，全体银白色，触角长于体；前翅银白色，狭长，有长缘毛，中室端部有椭圆形黄褐色斑 1 个，从前缘和后缘来的 2 条黑色斜纹汇合在它的末端，外面有黄褐色三角形斑 1 个，前缘缘毛在斑前形成黑褐色线 3 条，端斑后面有黑色缘毛，并有长缘毛在斑前形成的 2 条黑线，斑端部缘毛上有黑圆点 1 个和黑色尖毛 1 撮；后翅灰色，细长，尖端较长。幼虫：老熟体长约 6mm，长筒形，稍扁，白、淡绿色；胸足 3 对，黑褐色。蛹：体长 3mm。

【发生规律】北京一年发生 5 代，以冬型成虫在树木附近的草丛、落叶层或树洞死翘皮下越冬。翌年 3 月上旬至 4 月下旬越冬成虫出蛰活动、产卵，4 月中下旬越冬代幼虫潜叶为害，叶片出现表皮不破裂的弯曲条潜道。第 1～5 代成虫活动期分别是：5 月中旬至 6 月上旬、7 月中旬至 8 月

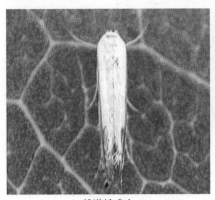

桃潜蛾成虫

桃潜蛾幼虫

上旬、8月、8月下旬至9月下旬、9月下旬出现越冬代。第4代开始世代重叠。成虫寿命夏型6～8天，越冬型约200天。卵散产，产于下表皮叶肉组织内，每雌产卵21～42粒，卵期各代不一。幼虫老熟后由虫道末端咬破上表皮爬出，在叶表活动数分钟后吐丝下坠，然后至叶背、杂草、树干等处结茧化蛹，蛹期6～19天。成虫中午最活跃，有较强的迁飞能力和趋光性，树木严重受害时引起红叶、枯叶和落叶。

【防治方法】①秋冬季清除落叶，杂草丛，刮除死裂树皮，消灭越冬害虫。②幼虫初期，人工摘除虫叶，严重时可喷洒1.8%爱福丁乳油3000～4000倍液或灭幼脲3号悬浮剂5000倍液毒杀幼虫。③保护天敌（姬小蜂、草蛉等）。④性信息素诱杀成虫。

3.5　黄杨绢野螟

【分布】辽宁、华北、华东、华中、华南、西南等地。

【寄主】瓜子黄杨、雀舌黄杨、珍珠黄杨、庐山黄杨、朝鲜黄杨。

【形态】成虫：体长14～19mm，翅展33～45mm；头部暗褐色，头顶触角间的鳞毛白色；触角褐色；下唇须第1节白色，第2节下部白色，上部暗褐色，第3节暗褐色；胸、腹部浅褐色，胸部有棕色鳞片，腹部末端深褐色；翅白色半透明，有紫色闪光，前翅前缘褐色，中室内有两个白点，一个细小，另一个弯曲成新月形，外缘与后缘均有一褐色带，后翅外缘边缘黑色褐色。卵：椭圆形，长0.8～1.2mm，初产时白色至乳白色，

黄杨绢野螟中龄幼虫

黄杨绢野螟成虫

孵化前为淡褐色。幼虫：老熟时体长 4.2～6mm，头宽 3.7～4.5mm；初孵时乳白色，化蛹前头部黑褐色，胴部黄绿色，表面有具光泽的毛瘤及稀疏毛刺，前胸背面具较大黑斑，三角形 2 块；背线绿色，亚被线及气门上线黑褐色，气门线淡黄绿色，基线及腹线淡青灰色；胸足深黄色，腹足淡黄绿色。蛹：纺锤形，棕褐色，长 24～26mm，宽 6～8mm；腹部尾端有臀刺 6 枚，以丝缀叶成茧，茧长 25～27mm。

【发生规律】北京一年发生 2 代，以 2 龄幼虫粘合 2 叶结包越冬，第二年 3 月末开始出包为害，4 月下旬开始出现成虫，6 月出现第 1 代幼虫，8 月出现第 2 代成虫，9 月幼虫结包准备越冬。

【防治方法】①结合修剪去除越冬幼虫。②成虫期灯光诱杀。③幼虫期喷施灭幼脲 3 号悬浮剂 1000 悬浮剂或 40% 乐斯本 1500 倍液。

3.6 网锥额野螟

【分布】全国各地。

【寄主】禾本科等 35 科 200 余种植物及草坪草。

【形态】成虫：体长 8～12mm，翅展 24～26mm；体、翅灰褐色，前翅有暗褐色斑，翅外缘有淡黄色条纹，中室内有一个较大的长方形黄白色

网锥额野螟幼虫

斑；后翅灰色，近翅基部较淡，沿外缘有两条黑色平行的波纹。卵：椭圆形，0.5mm×1mm，乳白色，有光泽，分散或 2～12 粒覆瓦状排列成卵块。老熟幼虫：体长 19～21mm，头黑色有白斑，胸、腹部黄绿或暗绿色，有明显的纵行暗色条纹，周身有毛瘤。蛹：长 14mm，淡黄色。土茧：长40mm，宽 3～4mm。

【发生规律】 一年发生 2～4 代，以老熟幼虫在土内吐丝作茧越冬。翌春 5 月化蛹及羽化。成虫飞翔力弱，喜食花蜜，卵散产于叶背主脉两侧，常 3～4 粒在一起，以距地面 2～8cm 的茎叶上最多。初孵幼虫多集中在枝梢上结网躲藏，取食叶肉，3 龄后食量剧增，幼虫共 5 龄。

【防治方法】 ①成虫发生期用黑光灯诱杀，统计蛾量，结合雌蛾抱卵剖查和气象资料，对当年幼虫发生程度进行预测。②幼虫期间喷洒白僵菌、1%杀虫素 1000 倍液或 1.2%烟参碱 1000 倍液等无公害药剂。③成虫期用黑光灯和草地螟性诱剂诱杀成虫。④卵期释放赤眼蜂。

3.7 黄刺蛾

【分布】 全国各地。

【寄主】 梅、海棠、月季、石榴、桂花、樱花、槭属、杨、柳榆、白兰、紫叶李、悬铃木。

【形态】 成虫：雌蛾体长 15～17 mm，翅展 35～39mm；雄蛾体长 13～15 mm，翅展 30～32 mm。体橙黄色。前翅黄褐色，自顶角有 1 条细斜线伸向中室，斜线内方为黄色，外方为褐色；在褐色部分有 1 条深褐色细线自顶角伸至后缘中部，中室部分有 1 个黄褐色圆点，后翅灰黄色。卵：扁椭圆形，一端略尖，长 1.4～1.5 mm，宽 0.9 mm，淡黄色，卵膜上有龟状刻纹。幼虫：老熟幼虫体长 19～25 mm，体粗大。头部黄褐色，隐藏于前胸下。胸部黄绿色，体自第二节起，各节背线两侧有 1 对枝刺，以第三、四、十节的为大，枝刺上长有黑色刺毛；体背有紫褐色大斑纹，前后宽大，中部狭细成哑铃形，末节背面有 4 个褐色小斑；体两侧各有 9 个枝刺，体例中部有 2 条蓝色纵纹，气门上线淡青色，气门下线淡黄色。蛹：椭圆形，粗大。体长 13～15 mm。淡黄褐色，头、胸部背面黄色，腹部各节背面有褐色背板。茧：椭圆形，质坚硬，黑褐色，有灰白色不规则纵条纹，极似雀卵。

【发生规律】 北京一年发生 1 代，以老熟幼虫在枝干或皮缝结茧越冬。6～7 月上旬出现成虫。卵散产于叶背，卵期约 6 天，小幼虫只食叶肉成网状，老幼虫食叶成缺刻，仅留叶脉，幼虫期约 30 天。

【防治方法】 ①冬季人工摘除越冬虫茧。②灯光诱杀成虫。③幼虫发生初期喷洒 20％除虫脲悬浮剂 7000 倍液、Bt 乳剂 500 倍液或 25％高渗苯氧威可湿性粉剂 300 倍液。④保护天敌（紫姬蜂、广肩小蜂等）。

黄刺蛾茧

黄刺蛾初龄幼虫

3.8 美国白蛾

【分布】辽宁、天津、河北、山东、上海、陕西等地。

【寄主】食性非常杂，几乎为害所有植物叶部，主要种类有糖槭、桑、悬铃木、臭椿、榆、白蜡、核桃、杨、山楂、苹果、李、梨、刺槐、柳等。

【形态】成虫：体长 9～15mm，白色；触角双节状（雄）和锯齿状（雌），主干及节锯下方黑色；翅白色，雌蛾前翅通常无斑，雄蛾前翅无斑至较密的褐色斑，越冬代褐斑明显多于第 1 代；前足基节橘黄色；有黑斑，腿节端部橘红色，胫节、跗节大部黑色。跗节的爪长、弯；后足爪短直，胫节端距 1 对，无中距；雄性外生殖器爪形突向腹面弯曲呈钩状，抱器瓣对称，中部有一突起，阳茎稍弯，顶端着生微突刺，阳茎基环梯形、板状；腹背黄或白色，背、侧黑点 1 裂。卵：近球形，直径 0.50～0.53mm，表面具有许多规则的小刻点，初产卵淡绿或黄绿色，有光泽，后变灰绿色，近孵化时灰褐色，顶部呈黑褐色；卵块大小 2～3cm^2，白色，表面覆盖有雌蛾腹部脱落的毛和鳞片。幼虫：老熟时体长 22～37mm，各节毛瘤发达，体背有深褐至黑色宽纵带 1 条，带内有黑色毛瘤；体侧淡黄色，毛瘤橘黄色；气门长椭圆形，白色，边缘黑褐色；腹面黄褐色至浅灰色，腹足趾钩单序，异性中带，中间趾钩 10～14 根，等长，两侧各具 10～12 根。蛹体长 9～12mm；初为淡黄色，逐渐变为橙色—褐色—暗红色，臀棘等长的细刺 10～15 个，每刺端部膨大，末端凹陷呈盘状；腹部 11 节；生殖孔雄性在第 9 节接近下接缝隙处，雌性在第 8 节靠近上接缝处。茧：椭圆形，灰白色，丝质混有幼虫体毛，松薄。

【发生规律】北京一年多为 2 代，少数为不完整 3 代，以蛹在墙缝、砖缝、树洞、石块下、浅土层越冬。是典型的长日照型昆虫，临界日长 14.5 小时。各代虫期约为：4 月上旬至 6 月上旬为越冬代成虫期，7 月上旬至 8 月上旬为第 1 代成虫期，8 月中旬至 9 月为第 2 代成虫期。成虫块状产卵于寄主叶背面。各代幼虫期约为：4 月下旬至 6 月下旬为越冬代幼虫期，7 月下旬至 8 月下旬为第 1 代幼虫期，历期较短，9～10 月为第 2 代幼虫期。蛹夏季滞育。雄性前翅黑斑的出现由光周期控制，只有在短日照诱导下的滞育蛹在羽化后才会出现黑斑。

【防治方法】①坚持政府主导、属地管理的原则，加强检疫、监测、测报和防控，做到早发现早防治，防止通过交通工具人为扩散传播。②越冬代成、幼虫期的防治是全年防治的关键。冬、春刮除主干老树皮蛹和墙缝内的蛹，集中烧毁落叶；早春越冬代产卵期发动全社会及时剪除和集中烧毁带卵、带网幕的枝叶；秋季老熟幼虫下树化蛹前，在树干离地面 1m 高处围以稻草、干草、草帘或草绳束绑，待幼虫化蛹其中后再解下围草杀死或烧毁。③保护和利用天敌资源：在老熟幼虫期和化蛹初期各释放 1 次周氏啮小蜂，释放量为田间美国白蛾数量的 5 倍，以有效控制害虫种群数量。④用黑光灯诱杀成虫。⑤成虫期在田间挂设美国白蛾性引诱器，挂设高度 3～4m（越冬代略低，第 1、2 代要高），每间隔 100m 挂设 1 个。为延长性引诱剂活力，在越冬代成虫期结束后可取下诱捕器放入室内，待第一代、第二代成虫发生期，经再次刷粘虫胶后挂设于室外诱捕。⑥药物防治：对卵及 4 龄以前幼虫喷洒 20%除虫脲悬浮液 7000 倍液或病毒液。

美国白蛾雌成虫（左）、雄成虫（右）

美国白蛾 1 龄幼虫

3.9 杨扇舟蛾

【**分布**】全国各地。

【**寄主**】杨、柳。

【**形态**】成虫：体长 13～20mm，翅展 28～42mm。虫体灰褐色。头顶有一个椭圆形黑斑。臀毛簇末端暗褐色。前翅灰褐色，扇形，有灰白色横带 4 条，前翅顶角处有一个暗褐色三角形大斑，顶角斑下方有一个黑色圆点。外线前半段横过顶角斑，呈斜伸的双齿形曲，外衬 2～3 个黄褐带锈红色斑点。亚端线由一列脉间黑点组成，其中以 2～3 脉间一点较大而显著。后翅灰白色，中间有一横线。卵：初产时橙红色，孵化时暗灰色，馒头形。幼虫：老熟时体长 35～40mm。头黑褐色。全身密被灰黄色长毛，身体灰赭褐色，背面带淡黄绿色，每个体节两侧各有 4 个赭色小毛瘤，环形排列，其上有长毛，两侧各有一个较大的黑瘤，上面生有白色细毛一束。第 1、8 腹节背面中央有一大枣红色瘤，两侧各伴有一个白点。蛹：褐色，尾部有分叉的臀棘。茧：椭圆形，灰白色。

【**发生规律**】北京一年发生 3～4 代，以蛹在地面落叶、树干裂缝或基部老皮下结茧越冬。北京 4、5 月间出现成虫（有时早至 3 月），以后大约每隔 1 个月发生 1 代，世代重叠。卵多产于叶片背面，单层整齐平铺呈块状，每处百余粒。初孵幼虫群栖叶背，稍大后在丝缀叶苞中，昼伏夜出，3 龄后逐渐向外扩散为害，5 龄老熟时吐丝缀叶做薄茧化蛹。

【**防治方法**】①采用杨树和刺槐、杨树和泡桐块状混交的方法减少病虫害的发生。②人工摘除幼龄幼虫虫叶或化蛹虫茧，也可结合冬季清除落叶时消灭越冬蛹。③黑光灯诱杀成虫。④喷洒 Bt 乳剂 500 倍液、20%除虫脲悬浮剂 7000 倍液防治幼虫。⑤保护和释放黑卵蜂和赤眼蜂等天敌。

杨扇舟蛾幼龄幼虫

3.10 黄褐天幕毛虫

【分布】东北、西北、华北等地。

【寄主】蔷薇科植物、柞、柳、杨等。

【形态】成虫: 雄成虫体长约15mm, 翅展长为24～32mm, 全体淡黄色, 前翅中央有两条深褐色的细横线, 两线间的部分色较深, 呈褐色宽带, 缘毛褐灰色相间; 雌成虫体长约20mm, 翅展长约29～39mm, 体翅褐黄色, 腹部色较深, 前翅中央有一条镶有米黄色细边的赤褐色宽横带。卵: 椭圆形, 灰白色, 高约1.3mm, 顶部中央凹下, 卵壳非常坚硬, 常数百粒卵围绕枝条排成圆筒状, 非常整齐, 形似顶针状或指环状。正因为这个特征将黄褐天幕毛虫也称为"顶针虫"。幼虫: 共5龄, 老熟幼虫体长50～55mm, 头部灰蓝色, 顶部有两个黑色的圆斑。体侧有鲜艳的蓝灰色、黄色和黑色的横带, 体背线为白色, 亚背线橙黄色, 气门黑色。体背黑色的长毛, 侧面生淡褐色长毛。蛹: 体长13～25mm, 黄褐色或黑褐色, 体表有金黄色细毛。茧: 黄白色, 呈棱形, 双层, 一般结于阔叶树的叶片正面、草叶正面或落叶松的叶簇中。

【发生规律】北京一年发生1代, 以卵在枝上越冬。一年树木放新叶时孵化, 幼虫群食嫩叶, 吐丝做巢, 稍大后在树杈间结网幕群集于内, 昼伏夜出。5～6月老熟幼虫在卷叶或两叶间结茧化蛹, 蛹期约10～15天, 6月中旬羽化、产卵, 成虫趋光性强。

【防治方法】①冬季摘除枝上卵块, 集中烧毁。②初龄期剪除网幕, 杀死网中幼虫或喷洒20%除虫脲悬浮剂7000倍液。③灯光诱杀成虫。④严重发生区的老龄期可喷洒核型多角体病毒液。

黄褐天幕毛虫老龄幼虫

黄褐天幕毛虫薄茧

3.11 国槐尺蠖

【分布】辽宁、华北、华东、华中、陕西、甘肃等地。

【寄主】槐树、龙爪槐、蝴蝶槐。

【形态】成虫：雄虫体长 14～17mm，翅展 30～45mm。雌虫体长 12～15mm。雌雄相似。触角丝状，长度约为前翅的 2/3。前翅亚基线及中横线深褐色，近前缘外均向外转急弯成一锐角。亚外缘线黑褐色，由紧密排列的 3 列黑褐色长形斑块组成，近前缘处有一褐色三角形斑块。卵：钝椭圆形，初产时绿色，后渐变为暗红色直至灰黑色。卵壳白色透明。幼虫：初孵幼虫黄褐色，后变为绿色。或各体侧有黑褐色条状或圆形斑块，老熟幼虫 20～40mm，体背紫红色。蛹：初为粉绿色，渐变为紫色至褐色。

【发生规律】北京一年发生 3 代，极少数 4 代，以蛹在树木附近约 4cm 深土中越冬。各代成虫期分别是：4 月上旬至 5 月上旬、5 月下旬至 6 月上旬、6 月中旬至 7 月上旬。各代幼虫期是：5 月上旬至 6 月上旬、6 月上旬至 7 月中旬、7 月上旬至 9 月上旬。成虫产卵于叶片正面主脉附近，成片状，每片 10 余粒。4～9 月上旬均有幼虫，世代重叠，幼虫 3 龄后分散为害，受精后吐丝下垂，9 月后下树化蛹越冬。

【防治方法】①人工挖蛹。②黑光灯诱杀成虫。③低龄幼虫期（5、6 月中旬和 8 月上旬）是全年防治的关键时期，喷洒 20%除虫脲悬浮剂 7000 倍液或 Bt 乳剂 500 倍液。④保护和利用天敌。

国槐尺蠖中龄幼虫

3.12 舞毒蛾

【分布】东北、西北、华北、华中等地。

【寄主】杨、柳、李、核桃、柿、榆、苹果、海棠、梨、山楂、杏、樱桃等。

【形态】成虫：雌雄异型。雄成虫：体长约 20mm，前翅茶褐色，有四五条波状横带，外缘呈深色带状，中室中央有一黑点。雌虫：体长约 25mm，前翅灰白色，每两条脉纹间有一个黑褐色斑点。腹末有黄褐色毛丛。卵：圆形稍扁，直径 1.3mm，初产为杏黄色，数百粒至上千粒产在一起成卵块，其上覆盖有很厚的黄褐色绒毛。幼虫：老熟时体长 50～70mm，头黄褐色有"八"字形黑色纹。前胸至腹部第 2 节的毛瘤为蓝色，腹部第 3～9 节的 7 对毛瘤为红色。蛹：体长 19～34mm，雌蛹大，雄蛹小。体色红褐或黑褐色，被有锈黄色毛丛。

【发生规律】一年发生 1 代，以卵在石块缝隙或树干背面洼裂处越冬，寄主发芽时开始孵化，初孵幼虫白天多群栖叶背面，夜间取食叶片成孔洞，受震动后吐丝下垂借风力传播，故又称秋千毛虫。2 龄后分散取食，白天栖息树杈、树皮缝或树下石块下，傍晚上树取食，天亮时又爬到隐蔽场所。雄虫蜕皮 5 次，雌虫蜕皮 6 次，均夜间群集树上蜕皮，幼虫期约 60 天，5～6 月为害最重，6 月中下旬陆续老熟，爬到隐蔽处结茧化蛹。蛹期 10～15 天，成虫 7 月大量羽化。成虫有趋光性，雄虫活泼，白天飞

舞毒蛾中龄幼虫

舞毒蛾雄成虫

舞于树冠间。雌虫很少飞舞，能释放性外线激素引诱雄蛾来交配，交尾后产卵，多产在树枝、树干阴面。每雌可产卵 1～2 块。每块数百粒，上覆雌蛾腹末的黄褐鳞毛。来年 5 月间越冬卵孵化，初孵幼虫有群集为害习性，长大后分散为害，为害至 7 月上、中旬。老熟幼虫在树干洼裂地方、枝杈、枯叶等处结茧化蛹。7 月中旬为成虫发生期，雄蛾善飞翔，日间常成群作旋转飞舞。

【防治方法】 ①人工刮除越冬卵。②灯光诱杀成虫。③保护、利用寄生蜂、绒茧蜂、鸟等天敌。④低龄幼虫期喷洒 20% 除虫脲 7000倍液。⑤在 3～4 龄幼虫喷洒舞毒蛾核型多角体病毒（带毒死虫体）3000～5000 倍液。

3.13 盗毒蛾

【分布】 东北、华北、华东、华中、华南、西南、陕西等地。

【寄主】 紫叶李、郁李、海棠、樱桃、悬铃木、柳、榆、构树、珊瑚树、泡桐、刺槐、枣、核桃、重阳木等。

【形态】 成虫：雌体长 18～20mm，雄体长 14～16mm，翅展 30～40mm。触角干白色，栉齿棕黄色；下唇须白色，外侧黑褐色；头、胸、腹部基半部和足白色微带黄色，腹部其余部分和脏毛簇黄色；前、后翅白色，前翅后缘有两个褐色斑，有的个体内侧褐色斑不明显；前、后翅反面白色，前翅前缘黑褐色。卵：直径 0.6～0.7mm，圆锥形，中

盗毒蛾成虫

盗毒蛾幼虫

央凹陷,橘黄色或淡黄色。幼虫:体长 25～40mm,第 1、2 腹节宽。头褐黑色,有光泽;体黑褐色,前胸背板黄色,具 2 条黑色纵线;体背面有一橙黄色带,在第 1、2、8 腹节中断,带中央贯穿一红褐间断的线;亚背线白色;气门下线红黄色;前胸背面两侧各有一向前突出的红色瘤,瘤上生黑色长毛束和白褐色短毛,其余各节背瘤黑色,生黑褐色长毛和白色羽状毛,第 5、6 腹节瘤橙红色,生有黑褐色长毛;腹部第 1、2 节背面各有 1 对愈合的黑色瘤,上生白色羽状毛和黑褐色长毛;第 9 腹节瘤橙色,上生黑褐色长毛。蛹:长 12～16mm,长圆筒形,黄褐色,体被黄褐色绒毛;腹部背面 1～3 节各有 4 个瘤。茧:椭圆形,淡褐色,附少量黑色长毛。

【发生规律】 北京一年发生 2 代,以幼虫在树上结茧越冬。5 月中旬越冬幼虫破茧补充营养,造成危害,5 月下旬化蛹,6 月上旬出现第 1 代成虫。6 月第 1 代幼虫发生为害;8 月出现第 2 代成虫,9 月第 2 代幼虫发生;10 月进入越冬,该虫有世代重叠现象,为害更加猖獗,虫体上的毒毛对人有毒,一旦人体接触后可患皮炎,皮肤痛痒,反复发作。

【防治方法】 ①黑光灯诱杀成虫。②幼虫期用无公害药剂防治,5 月上中旬是防治关键。该虫已对 Bt 乳剂产生抗性,故应选用 20％除虫脲悬浮剂 7000 倍液或 1.2％烟参碱 2000 倍液进行喷洒。③结合修剪、剥芽等其他养护措施,摘除虫茧。

3.14 棉铃虫

【分布】 全国各地。

【寄主】 月季、木槿、大丽花、大花秋葵、菊花、万寿菊、向日葵、美人蕉、麦类、豆科、棉花、番茄等。

【形态】 成虫:体长 15～17mm。翅展 30～38mm。前翅青灰色、灰褐色或赤褐色,线、纹均黑褐色,不甚清晰;肾纹前方有黑褐纹;后翅灰白色,端区有一黑褐色宽带,其外缘有两相连的白斑。幼虫:体色变化较多,有绿、黄、淡红等,体表有褐色和灰色的尖刺;腹面有黑色或黑褐色小刺;蛹自绿变褐。卵:呈半球形,顶部稍隆起,纵棱间或有分支。

【发生规律】 北京一年发生 3～4 代,以蛹在土中越冬,温度达

棉铃虫幼虫食木槿　　　　　　　　　棉铃虫成虫

15℃以上开始羽化，成虫趋光性强。卵产于嫩叶和果实，可产卵100～200粒。幼虫共6龄，历时15～22天。1、2龄幼虫有吐丝下垂习性，为害嫩叶和小花蕾，3、4龄幼虫有在早晨9时前爬至叶面静止习性，钻入嫩蕾、花朵中取食，导致花、蕾死亡。幼虫蛀孔大，孔外具虫粪，有互相残杀和转移的习性。蛹期8～10天。越冬代主要为害麦类、豆类和苜蓿，第1和第2代主要为害棉花，第2和第3代主要为害番茄等蔬菜、花卉和林木。

　　【防治方法】①少量危害时，人工捕捉幼虫或剪除有虫花蕾。②幼虫蛀果时喷洒Bt乳剂500倍液或20%除虫脲悬浮剂7000倍液防治。③蛹期可人工挖蛹。④用性诱杀剂和黑光灯诱杀成虫。

3.15 双齿绿刺蛾

　　【分布】东北、华北、华东、华中等地。

　　【寄主】核桃、柿、杨、柳、丁香、樱花、西府海棠、贴梗海棠、桃、山杏、山茶、柑橘、苹果等。

　　【形态】成虫：体长7～12mm，翅展21～28mm，头部、触角、下唇须褐色，头顶和胸背绿色，腹背苍黄色。前翅绿色，基斑和外缘带暗灰褐色，其边缘色棕，基斑在中室下缘呈角状外突，略呈五角形；外缘带较宽与外缘平行内弯，带内侧有齿状形突出大小各1，近臀角处为双齿状宽带，这是本种与中国绿刺蛾区别的明显特征。后翅苍黄色。外缘略带灰褐色，臀色暗褐色，缘毛黄色。足密被鳞毛。雄触角栉齿状，雌丝状。卵：长 0.9～1.0mm，宽 0.6～0.7mm，椭圆形扁平、光滑。初产乳白色，近孵化时淡黄色。幼虫：体长 17mm 左右，蛞蝓型，头小，大部缩在前胸内，头顶有两个黑点，胸足退化，腹足小。体黄绿至粉绿色，背线天蓝色，两侧有蓝色线，亚背线宽杏黄色，各体节有 4 个枝刺丛，以后胸和第 1、7 腹节背面的一对较大且端部呈黑色，腹末有 4 个黑色绒球状毛丛。蛹：长 10mm 左右，椭圆形肥大，初乳白至淡黄色，渐变淡褐色，复眼黑色，羽化前胸背淡绿，前翅芽暗绿，外缘暗褐，触角、足和腹部黄褐色。茧：扁椭圆形，长 11～13mm，宽 6.3～6.7mm，钙质较硬，色多同寄主树皮色，一般为灰褐色至暗褐色。

【发生规律】北京一年发生 1 代，以幼虫在枝干上结茧越冬。7 月出现成虫，交尾后将卵产在叶背，每块卵粒不等。初孵幼虫群栖为害叶片，以后分散为害，被害叶片呈现网状、缺刻或孔洞。8～9 月是幼虫为害期，10 月幼虫陆续越冬。

【防治方法】①人工刮除枝干上的茧。②幼虫发生严重时喷洒 1.2%烟参碱乳油 1000 倍液或 25%高渗苯氧威可湿性粉剂 300 倍液。③保护姬蜂、猎蝽、螳螂等天敌。

双齿绿刺蛾幼龄幼虫群居

双齿绿刺蛾茧

3.16 双线嗜黏液蛞蝓

【分布】南方、北方温室。

【寄主】菊花、一串红、鸢尾、月季、瓜叶菊、海棠、唐菖蒲、仙客来、三叶草等。

【形态】成虫：体长 22mm，爬行时体长 32～45mm；雌雄同体，体柔软，无外壳，暗灰、灰红或黄白色。触角 2 对，暗黑色，前对短，长约 1mm，后对长，长约 4mm；眼黑色，着生在触角顶端；体背前端有外套膜 1 个，约为体长的 1/3，其边缘卷起。卵：椭圆形，念珠状串联，白色，半透明。幼体：同成体，淡褐色，无纵线。

【发生规律】喜欢潮湿的环境，平日生活在草丛、落叶或石块下面，白天在阴暗处潜伏，夜间活动取食，可将食用菌的幼蕾、成菇全部食尽。蛞蝓产卵于培养料里、段木的接种穴、木质部和形成层之间，也产于覆土缝隙以及砖石、瓦块和树叶下，堆产。春秋季节有利于繁殖发育，夏季高温不会产卵，在干旱环境中卵不易孵化。

【防治方法】①定期清理环境，在被害植物附近的阴暗潮湿处捕杀成、幼体。②在蛞蝓经常活动和受害植物周围放置诱饵嘧达颗粒剂或堆放喷上 90%敌百虫 20 倍液的鲜菜叶、杂草，诱杀成、幼体。③在蛞蝓喜栖息的阴暗场所，于傍晚盆周施撒 3%生石灰或泼浇五氯酚钠，毒杀成、幼体。

双线嗜黏液蛞蝓

3.17 灰巴蜗牛

【分布】全国各地。

【寄主】各种阔叶树和草本花卉、盆花草坪草。

【形态】贝壳中等大小，壳质稍厚，坚固，呈圆球形。壳高 19mm、宽 21mm，有 5.5～6 个螺层，顶部几个螺层增长缓慢、略膨胀，体螺层急骤增长、膨大。壳面黄褐色或琥珀色，并具有细致而稠密的生长线和螺纹，壳顶尖，缝合线深。壳口呈椭圆形，口缘完整，略外折，锋利，易碎。轴缘在脐孔处外折，略遮盖脐孔。脐孔狭小，呈缝隙状。个体大小、颜色变异较大。卵圆球形，白色。

【发生规律】华北一年发生 1 代，以成贝和幼贝在落叶下或浅土层中越冬。翌年 3 月开始活动，昼伏夜出，取食植物叶、茎、花、芽，造成缺刻和孔洞，甚至成片草坪枯黄。足腺分泌黏稠液体，爬过处留下银灰色痕迹。性喜潮湿，寿命 1 年以上。成贝产卵于植物根际附近 1～2cm 土层内或花盆下，常 10～20 余粒卵粘在一起成块。

【防治方法】①人工捕杀贝体。②在蜗牛出没处撒白灰或 8% 灭蜗灵颗粒剂、10% 多聚乙醛粒剂 15～30g/hm²。

灰巴蜗牛成贝爬行

3.18 国槐小卷蛾

【**分布**】华北、华东、华中、陕西、甘肃、宁夏等地。

【**寄主**】槐树、龙爪槐、蝴蝶槐、花桐木。

【**形态**】成虫：体长为 5mm 左右，黑褐色，胸部有蓝紫色闪光鳞片。前翅灰褐至灰黑色，其前缘为 1 条黄白线，黄白线中有明显的 4 个黑斑，翅面上有不明显的云状花纹，后翅黑褐色。卵扁椭圆形，乳白渐变黑褐色。幼虫：老熟为 9mm 左右，圆筒形，黄色，有透明感，头部深褐色，体稀布有短刚毛。蛹：黄褐色，臀刺 8 根。

【**发生规律**】北京一年发生 2 代，以幼虫在果荚、树皮裂缝等处越冬。成虫发生期分别在 5 月中旬至 6 月中旬、7 月中旬至 8 月上旬。成虫羽化时间以上午最多，飞翔力强，有较强的向阳性和趋光性。雌成虫将卵产在叶片背面，其次产在小枝或嫩梢伤疤处。每处产卵 1 粒，卵期为 7 天左右。卵发育中期出现两个红点，两天后卵灰黑色，并可见小虫躯体。初孵幼虫寻找叶柄基部后，先吐丝拉网，以后进入基部为害，为害处常见胶状物中混杂有虫粪。有迁移为害习性，一头幼虫可造成几个复叶脱落。老熟幼虫在孔内吐丝作薄茧化蛹，蛹期 9 天左右。2 代幼虫为害期分别发生在 6 月上旬至 7 月下旬、7 月中旬至 9 月。6 月世代重叠严重，可见到各种虫态。7 月两代幼虫重叠，其中以第二代幼虫孵化极不整齐且为害严重，8 月树冠上明显出现光秃枝。8 月中、下旬槐

国槐小卷蛾幼虫转移为害

树果荚逐渐形成后，大部分幼虫转移到果荚内为害，9 月可见到槐豆变黑，10 月大多数幼虫进入越冬。

【防治方法】①结合冬季修剪，剪除槐豆荚及有虫枝条，消灭越冬虫源。②黑光灯诱杀成虫。③用性引诱剂诱杀成虫。5 月下旬挂设，每隔 15～20m 挂 1 个，高度以 2.5m 左右处为宜，每个世代要更换一次诱芯和重刷 1 次胶，以保持引诱活力和黏着性。

3.19 东方黏虫

【分布】全国各地。

【寄主】杂食，以禾本科为主。

【形态】成虫：体长 15～18mm，翅展 36～40mm，头、胸灰褐色，腹部暗褐色，前翅灰黄褐、黄、橙色，内线黑点几个，肾纹褐黄色，不显，端有白点 1 个，两侧各有黑点 1 个，外线和端线均是黑点 1 列；后翅暗褐色，向基部渐浅。卵：半球形，白色，后为黄色，表面有明显网纹。幼虫：老熟时体长约 28mm，体色因虫龄和食料不同而多变，有黑、绿和褐色等，头部有褐色网纹，体背有红、黄或白色等条纹。蛹体红褐色，长约 19mm，臀棘上有刺 4 根。

【发生规律】北京一年发生 2～3 代。迁飞性害虫，每年由南往北迁飞，发生世代也随之逐减，北纬 33° 以北地区不能越冬。5 月中下旬出现第 1 代成虫，卵多产在黄枯叶片上。幼虫 6 龄，有假死性，昼伏夜出，4～6 龄为暴食期，在土表 1～3cm 处化蛹。成虫对糖醋液和灯光有趋性。

【防治方法】①成虫期用灯光或稻草把诱杀。②幼龄幼虫期喷洒 Bt 乳剂 500 倍液或 25% 阿克泰水分散粒剂 5000 倍液。

东方黏虫成虫

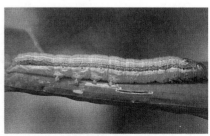

东方黏虫中龄幼虫

4
蛀干害虫

4.1 蔗扁蛾

【分布】全国各地（北方温室）。

【寄主】巴西木、发财树、榕树、一品红、鹅掌楸、三色变叶木、海南铁、苏铁、鹤望兰、袖珍椰子、凤梨、百合、甘蔗、香蕉等。

【形态】成虫：体长约 7.5～9mm，翅展 22～26mm，黄灰色，具强烈金属光泽；头部鳞片大而光滑；触角长达前翅的 2/3，前翅披针形，深棕色，中室端部和后缘各有黑色斑点 1 个和许多褐细纹，后缘有毛束，停息时束翅起如鸡尾状。后翅黄褐色，后缘有长毛。卵：长约 0.5mm，淡黄色，卵圆形，壳密布小刻点及网纹。幼虫：老熟体长 20～30mm，乳白色，透明，头红棕色，前口式，各节背板具毛片 4 个；腹足 5 对。蛹：体长约 10mm，亮黑色，触角、翅芽和后足相互紧贴，与蛹体分离。茧由白丝织成，外面粘以木丝及粪粒。

【发生规律】北京一年发生 3～4 代，以幼虫在土中越冬。由植株伤口侵入，后扩散到健康组织，幼虫取食干枝、根茎和根。15℃时生活周期约 3 个月，卵期 4 天，幼虫期 45 天，蛹期 15 天，成虫期 5 天。在树体顶部、上部的表皮或土下吐丝结茧化蛹，茧外黏着木屑、纤维或土粒。羽化前蛹体顶破丝茧和树表皮，蛹体一半外露。成虫爬行迅速，可短距离跳跃。卵散生产或集中块产（数十至数百粒），产于未展开的叶和茎上，50～400 粒。幼虫孵化后吐丝下垂，很快钻入树皮下为害，在木段表皮上咬有排粪通气孔，将皮层食空，皮下充满粪屑，活动能力极强，行动敏捷。

【防治方法】①加强植物检疫，防治人为扩散。②幼虫入土越冬期，

蔗扁蛾幼虫

蔗扁蛾幼虫头胸部

浇灌无公害内吸药剂，15 天 1 次，连续 2～3 次。③熏蒸蛀道内幼虫或用斯氏线虫防治幼虫。④封蜡并喷药保护剪口。⑤糖水或性引诱剂诱杀成虫。

4.2 微红梢斑螟

【分布】 全国各地。

【寄主】 油松、马尾松、黑松、红松、赤松、华山松、樟子松、黄山松、云南松、火炬松、湿地松等。

【形态】 成虫：体长 10～16mm，翅展约 24mm；前胸两侧及肩片有赤褐色鳞片；前翅灰褐色，翅面上有白色横纹 4 条，中室端有明显肾形大白斑 1 个，后缘近内横线内侧有黄斑。卵：近圆形，长约 0.8mm，黄白色，近孵化时暗赤色。幼虫老熟时体长约 25mm，暗赤色，各体节上有明显成对的黑褐色瘤，其上各生白毛 1 根。蛹：体长约 13mm，黄褐色，腹末有波状钝齿，其上生有钩状臀棘 3 对，中央 1 对较长，两侧 2 对较短。

【发生规律】 北京一年发生 2 代，以幼虫在被害枯梢及球果中越冬。翌年 3 月下旬越冬幼虫开始为害，5 月中旬开始化蛹，5 月下旬成虫羽化，卵散产于松梢松针基部，6 月中旬幼虫孵化，蛀入新梢髓部后多先往尖端蛀食为害，到顶端后再往下蛀食，被害梢枯黄弯垂。老熟幼虫在虫道内化蛹。8 月下旬第 1 代成虫羽化，9 月中旬第 2 代幼虫孵化为害。

【防治方法】 ①灯光或引诱剂诱杀成虫。②幼虫和蛹期人工摘除带虫枯梢，并放入纱网内，致使天敌能从网眼中飞出不受伤害。③幼虫初侵入嫩梢或转移为害期，释放蒲螨。④保护长距茧蜂等天敌。

微红梢斑螟蛹

微红梢斑螟幼虫蛀道口

4.3 榆线角木蠹蛾

【分布】东北、西北、华北、华东、华中等地。

【寄主】榆、杨、柳、槐、梅、丁香、银杏、苹果、核桃、花椒、金银木。

【形态】成虫：体长 16～28mm，翅展 35～48mm，灰褐色；触角丝状，前胸后缘具黑褐色毛丛线；前翅灰褐色，满布多条弯曲的黑色横纹，由肩角至中线和由前缘至肘脉间形成深灰色暗区，并有黑色斑纹；后翅较前翅色较暗，腋区和轭区鳞毛较臀区长，横纹不明显。卵：卵圆形，乳白色，后变暗褐色，长约 1.2mm，表面有纵脊，脊间有刻纹。幼虫：体扁圆筒形，老熟体体长 25～40mm，大红色，前胸背板上有浅色三角形斑纹 1 对；腹节间淡红色，腹面扁平；全体生有排列整齐的黄褐色稀疏短毛。蛹：体暗褐色，稍向腹面弯曲，长 17～35mm，腹末有齿突 3 对。

【发生规律】北京两年发生 1 代，跨 3 年，以幼虫在干基或根部越冬。经过 2 次越冬的老龄幼虫第三年 4 月中旬开始活动，5 月下旬在原虫道内化蛹，蛹期约 20 天，6 月中旬至 7 月下旬羽化。成虫在交尾后把卵产于干基附近，孵化后在干基蛀食，对于绿篱类寄生，则在地下根部蛀食，导致地上部分枯亡。幼虫始终过隐蔽生活。

榆线角木蠹蛾成虫

【防治方法】①以防止成虫为主，利用成虫具有趋光性的行为习性进行灯光诱杀。②受害绿篱，应进行根部浇灌触杀剂。③保护利用天敌姬蜂。

4.4 臭椿沟眶象

【分布】辽宁、华北、华东、华中等地。

【寄主】臭椿、千头椿。

【形态特征】成虫：体长11mm，黑色，鞘翅坚厚，基部白色，刻点粗大而密，鞘翅前段两侧各有一个刺突。卵：长圆形黄白色。幼虫：15mm，乳白色。蛹：为裸蛹，黄白色。

【发生规律】北京一年发生1代，以幼虫和成虫在根部或树干周围2~20cm深的土层中越冬。以幼虫越冬的，次年4月底到5月初化蛹，5月中下旬到6月初为羽化盛期；以成虫在土中越冬的，4月下旬开始活动。5月上中旬为第一次成虫盛发期，7月底至8月中旬为第二次盛发期。成虫有假死性，产卵前取食嫩梢、叶片补充营养，为害1个月左右，便开始产卵，卵期8天左右。初孵化幼虫先咬食皮层，稍长大后即钻入木质部为害，老熟后在坑道内化蛹，蛹期12天左右。

臭椿沟眶象成虫　　　　　　　　臭椿沟眶象成虫

【防治方法】①严格检疫，不得调运和栽植带虫苗木。②及时伐除受害严重的植株，减少虫源。③利用成虫多在树干上活动、假死和不善于飞翔等习性，人工捕杀成虫或喷洒绿色威雷 200 倍液。

4.5 沟眶象

【分布】辽宁、华北、华东、华中、陕西、甘肃、四川等地。

【寄主】臭椿、千头椿。

【形态】成虫：体长 13.5～18.5mm，黑色，喙细长，头部刻点大而深；前胸背板多为黑、赭色，少数白色，刻点大而深；胸部背面，前翅肩部及端部首 1/3 处密被白色鳞片，并杂有赭色鳞片，前翅基部外侧特别向外突出，中部花纹似龟纹，鞘翅上刻点粗。幼虫体圆形，乳白色，体长约 30mm。

【发生规律】沟眶象一年发生一代，以幼虫和成虫在根部或树干周围 2～20cm 深的土层中越冬。以幼虫越冬的，次年 5 月化蛹，7 月为羽化盛期；以成虫在土中越冬的，4 月下旬开始活动。5 月上中旬为第一次成虫盛发期，7 月底至 8 月中旬为第二次盛发期。成虫有假死性，产卵前取食嫩梢、叶片补充营养，为害 1 个月左右，便开始产卵，卵期 8 天左右。初孵化幼虫先咬食皮层，稍长大后即钻入木质部为害，老熟后在坑道内化蛹，蛹期 12 天左右。

【防治方法】①人工捕杀成虫。②初孵幼虫期可树干注射或根施无公害内吸药剂。③成虫期喷洒绿色威雷 200 倍液。④保护和利用天敌。

沟眶象成虫

4.6 光肩星天牛

【分布】东北、西北、华北、华东、华中、四川、广西等地。

【寄主】糖槭等槭属植物、杨、柳、榆、桑等。

【形态】成虫：长 20～35mm，宽 8～12mm，体黑色而有光泽；触角鞭状，12 节；前胸两侧各有刺突 1 个，鞘翅上各有大小不同、排列不整齐的白色或黄色绒斑约 20 个，鞘翅基部光滑无小颗粒，体腹密生蓝灰色绒毛。卵：乳白色，长椭圆形，长约 6～7mm，两端略弯曲。幼虫：老熟时体长约 50mm，白色；前胸背板后半部色深成"凸"字形斑，斑前缘全无深褐色细边，前胸腹板后方小腹片褶骨化程度不明显，前缘无明显纵脊纹。蛹：体纺锤形，乳白至黄白色，长 30～37mm。

【发生规律】北京一年发生 1 代，以幼虫越冬。越冬的老龄幼虫一年直接化蛹，预蛹期平均 22 天，蛹期平均 20 天。成虫羽化后在蛹室内停留约 10 天才能从干内飞出，羽化孔均在进入孔上方。蛀道深达树干中部，弯曲无序，褐色粪便及蛀屑从产卵孔排出。成虫寿命 3～66 天，平均 31 天。每雌虫平均产卵约 30 粒，每刻槽产卵 1 粒，卵约经 11 天孵化。林内被害轻，林缘被害重；混交林被害轻，纯林被害重；健康木被害轻，衰弱木被害重。

【防治方法】①营造混合林，切忌营造嗜食树种纯林。②筛选和培育抗性树种，提高免疫能力。③在严重危害区，彻底伐除没有保留价值的严重被害木，运出林外及时处理，以控制扩散源头。对新发生或孤立发生区要拔点除源，及时降低虫口密度，控制扩散。④采取伐根嫁接，高干截头、萌芽更新等措施，快速恢复绿地景观。⑤在一般发生区种植喜食树种（如

光肩星天牛雄成虫　　　　　　　光肩星天牛幼虫

糖槭）作为诱树，重点防治，以减轻对其他树种的为害。也可以设置隔离带进行阻隔。⑥成虫期较长，可以在树干上绑缚白僵菌粉胶环，成虫在干上活动爬行触及时，感病致使，防治成虫是防治中的关键。⑦防治幼虫比较消极被动，只能作为辅助措施，如树干注药、塞毒签和堵洞等。⑧保护和利用天敌。

4.7 合欢吉丁

【分布】华北、华东等地。

【寄主】合欢。

【形态】成虫：体长约4mm，头顶平直，铜绿色，稍带有金属光泽。幼虫：老熟时体乳白色，体长约5mm，头小黑褐色，胸部较宽，腹部较细，无足，形态"钉子"状。

【发生规律】北京一年一代，以幼虫在被害树干内过冬。次年5月下旬幼虫老熟在隧道内化蛹。6月上旬（合欢树花蕾期）成虫开始羽化外出，常在树皮上爬动，在树冠上咬食树叶，补充营养。多在干和枝上产卵，每处产卵1粒，幼虫孵化潜入树皮为害，至9、10月被害处流出黑褐色胶，一直为害到11月幼虫开始过冬。

【防治方法】①树干涂白，防止产卵。②伐除并烧毁受害严重的树木，减少虫源。③在成虫即将羽化时用无公害内吸药剂（如 10% 吡虫啉可湿性粉剂 1000 倍液）喷干封杀即将出孔的成虫，成虫羽化期喷洒无公害药剂（如 1.2% 烟参碱乳油 1000 倍液）毒杀。

4.8 芳香木蠹蛾东方亚种

【分布】东北、西北、华北、华东、华中、西南等地。

【寄主】柳、杨、榆、槐、桦、白蜡、栎、核桃、香椿、苹果、梨、沙棘、槭属。

【形态】成虫：体长 24～37mm，翅展 49～86mm，灰褐色；雌体前胸后缘具淡黄色毛丛线，雄体则稍暗；触角单栉齿状；胸腹部体粗壮，前翅中室至前缘灰褐色，翅面密布黑色线纹。卵：椭圆形，长约 1.2mm，灰褐色，粗端色稍浅，表面满布黑色纵脊，脊间具刻纹。幼虫：老龄时体暗紫红色，略具光泽，侧面稍淡，腹节间淡紫红色，体长 58～90mm，前胸背板上有较大的凸字形黑斑。

【发生规律】北京两年发生 1 代，跨 3 年。当年幼虫第一年在树干蛀道内越冬，第二年秋老熟幼虫离干入土结土茧越冬。第三年 5 月在土茧内化蛹，蛹期 20～25 天，6 月羽化，而后交尾、产卵，每雌虫可产卵 178～858 粒，卵成堆，每堆 3～60 粒，产卵部位以离地 1～1.5m 的主干裂缝为多，卵期 9～12 天。成虫寿命 4～10 天，有趋光性。初孵幼虫群居，幼虫在干内蛀成的蛀道广阔和不规则，互相连通。树龄越大被害越重。

【防治方法】①灯光诱杀成虫。②老熟幼虫离干入土化蛹时（10 月），人工捕杀幼虫。③伐除并烧毁无保留价值的严重被害木。④向蛀道内释放斯式线虫或喷洒白僵菌寄生幼虫。

芳香木蠹蛾东方亚种成虫

芳香木蠹蛾东方亚种老熟幼虫

4.9 双条杉天牛

【分布】吉林、辽宁、华北、华东、华中、华南、西南等地。

【寄主】侧柏、圆柏、龙柏、沙地柏、扁柏、翠柏、罗汉松等。

【形态】成虫：体长约16mm，圆筒形，略扁，黑褐或棕色；前翅中央及末端有黑色横宽带2条，带间棕黄色，翅前端为驼色。卵：长约1.6mm，长椭圆形，白色。幼虫：老熟时体圆筒形，略扁，体长约15mm，乳白色；触角端部外侧有细长刚毛5或6支。蛹：体长约15mm，淡黄色。

【发生规律】北京一年发生1代，以成虫在被害枝、干内越冬。3月上旬成虫出蛰，产卵于弱树裂缝处皮下，4月中下旬幼虫孵化，在皮层与木质部间蛀食为害，5月中下旬为害严重，5月中下旬至6月中旬陆续蛀入木质部，9～10月在蛀道内化蛹，羽化成虫越冬。

【防治方法】①加强肥、水、土等养护管理，增强树木抗虫能力。②及时清除带虫死树、死枝，消灭虫源木。③于2月底用饵木（新伐直径4cm以上的柏树木段）堆积在林外诱杀成虫。④幼虫期（5月末前期）释放蒲螨或肿腿蜂等天敌昆虫。

双条杉天牛成虫

双条杉天牛幼虫钻蛀

5
地下害虫

5.1 小地老虎

【分布】全国各地。

【寄主】松、杨、柳、广玉兰、大丽花、菊花、蜀葵、百日草、一串红、羽衣甘蓝、各种草坪草等。

【形态】卵：馒头形，直径约0.5mm、高约0.3mm，具纵横隆线。初产乳白色，渐变黄色，孵化前卵一顶端具黑点。蛹：体长18~24mm、宽6~7.5mm，赤褐有光。口器与翅芽末端相齐，均伸达第4腹节后缘。腹部第4~7节背面前缘中央深褐色，且有粗大的刻点，两侧的细小刻点延伸至气门附近，第5~7节腹面前缘也有细小刻点；腹末端具短臀棘1对。幼虫：圆筒形，老熟幼虫体长37~50mm、宽5~6mm。头部褐色，具黑褐色不规则网纹；体灰褐至暗褐色，体表粗糙、布大小不一而彼此分离的颗粒，背线、亚背线及气门线均黑褐色；前胸背板暗褐色，黄褐色臀板上具两条明显的深褐色纵带；胸足与腹足黄褐色。成虫：体长17~23mm、翅展40~54mm。头、胸部背面暗褐色，足褐色，前足胫、跗节外缘灰褐色，中后足各节末端有灰褐色环纹。前翅褐色，前缘区黑褐色，外缘以内多暗褐色；基线浅褐色，黑色波浪形内横线双线，黑色环纹内一圆灰斑，肾状纹黑色具黑边、其外中部一楔形黑纹伸至外横线，中横线暗褐色波浪形，双线波浪形外横线褐色，不规则锯齿形亚外缘线灰色，其内缘在中脉间有3个尖齿，亚外缘线与外横线间在各脉上有小黑点，外缘线黑色，外横线与亚外缘线间淡褐色，亚外缘线以外黑褐色。后翅灰白色，纵脉及缘线褐色，腹部背面灰色。

【发生规律】北京一年发生3代，以蛹或老熟幼虫在土中越冬。5~6月、8月、9~10月为幼虫危害期，10月中下旬老熟幼虫在土中化蛹越冬，来不及化蛹的则以老熟幼虫越冬。成虫日伏夜出，飞翔力很强，对光和糖醋液以及枯萎桐树叶具有较强的趋性。幼虫共6龄，3龄前多群集在杂草和花木幼苗上为害，3龄后分散为害，以黎明前露水多时为害最烈，5龄进入暴食期，危害性更大。生产上造成严重损失的是第1代幼虫。

【防治方法】①采用黑光灯或糖醋液诱杀成虫。②清除杂草、降低虫口密度。③幼虫初孵期喷3%高渗苯氧威乳油3000倍液，兼治其他害虫。④性引诱剂诱杀成虫。

小地老虎成虫

小地老虎成虫

5.2 大地老虎

【**分布**】全国各地。

【**寄主**】杨、柳、茶、女贞、香石竹、月季、菊花、凤仙花、各种草坪草等多种植物。

【**形态**】成虫：体长 20～22mm，翅展 45～48mm，头部、胸部褐色，下唇须第 2 节外侧具黑斑，颈板中部具黑横线 1 条。腹部、前翅灰褐色，外横线以内前缘区、中室暗褐色，基线双线褐色达亚中褶处，内横线波浪形，双线黑色，剑纹黑边窄小，环纹具黑边圆形褐色，肾纹大具黑边，褐色，外侧具 1 黑斑近达外横线，中横线褐色，外横线锯齿状双线褐色，亚缘线锯齿形浅褐色，缘线呈一列黑色点，后翅浅黄褐色。卵：半球形，卵长 1.8mm，高 1.5mm，初淡黄后渐变黄褐色，孵化前灰褐色。老熟幼虫：体长 41～61mm，黄褐色，体表皱纹多，颗粒不明显。头部褐色，中央具黑褐色纵纹 1 对，额 (唇基) 三角形，底边大于斜边，各腹节 2 毛片与 1 毛片大小相似。大地老虎气门长卵形黑色，臀板除末端 2 根刚毛附近为黄褐色外，几乎全为深褐色，且全布满龟裂状皱纹。

大地老虎成虫

蛹：长 23～29mm，初浅黄色，后变黄褐色。

【发生规律】北京一年发生 1 代，以低龄幼虫在表土层或草丛根颈部越冬，翌年 3 月开始活动，昼伏夜出咬食花木幼苗根颈和草根，造成大量苗木死亡。幼虫经 7 龄后在 5～6 月间钻入土层深处（15cm 以下）筑土室越夏，8 月化蛹，9 月成虫羽化后产卵于表土层，卵期约 1 个月。10 月中旬孵化不久的小幼虫潜入表土越冬。成虫寿命 15～30 天，具趋光性，但趋光性不强。

【防治方法】①播种及栽植前深翻土壤，消灭土中幼虫及蛹。②可在幼虫取食为害期的清晨或傍晚，与苗木根际搜寻捕杀幼虫。③设糖醋液（红糖 6 份、酒 1 份、醋 3 份、水 10 份配制而成），诱集捕杀成虫。④装置黑光灯诱杀成虫。⑤性引诱剂诱杀成虫。

5.3 东方蝼蛄

【分布】全国各地。

【寄主】松、柏、榆、槐、茶、柑橘、桑、海棠、樱花、梨、竹、草

东方蝼蛄成虫

坪草等。

【形态】俗名拉拉蛄、地拉蛄、土狗子，属直翅目、蝼蛄科。成虫：雌成虫体长 31～35mm；雄成虫体长 30～32mm。体浅茶褐色，腹部色浅，全身密布细毛。头小，圆锥形。触角丝状。复眼红褐色，很小，突出。单眼 2 个。前胸背板卵圆形，中央具一明显的长心脏形凹陷斑。前翅短小，鳞片状；后翅宽阔，纵褶成尾状，较长，超过腹末端。腹末有 1 对尾须。前足开掘足，后足胫节背侧内缘有距 3～4 根（华北蝼蛄仅具 1 根）。卵：椭圆形，长约 2.8mm，初产时黄白色，有光泽，渐变黄褐色。若虫：初孵若虫乳白色，随虫体长大，体色变深，末龄若虫体长达 24～25mm。若虫体形似成虫，但仅有翅芽。

【发生规律】北京三年发生 1 代，以若虫和成虫在土中越冬。翌年 3 月末开始活动，咬食根部，4 月中、下旬为害最烈，6 月成虫交尾，产卵，喜欢在潮湿土中 20～30cm 深处产卵，卵期约 20 天。成虫飞翔力很强，趋性强。若虫共 5 龄，若虫为害到 9 月，蜕皮变成成虫，10 月下旬入土越冬，发育晚的则以若虫越冬。

【防治方法】①用黑光灯或毒饵诱杀成虫。②合理施用充分腐熟的有机肥，以减少该虫滋生。

6 草坪主要病虫害防治

6.1 褐斑病

褐斑病主要是由立枯丝核菌（*Rhizoctonia solani*）引起的一种真菌病害。
该病害能侵染所有已知的草坪草，如：草地早熟禾、粗茎早熟禾、紫羊茅、细叶羊茅、高羊茅、多年生黑麦草、细弱剪股颖、匍匐剪股颖、结缕草、野牛草、狗牙根等250余种禾草，其中尤以冷季型草坪禾草受害最重。

【症状识别】褐斑病全年都可以发生危害，但以高温高湿的多雨炎热夏季危害最重。病害发生早期（北京地区约5月至6月上中旬），受害叶片和叶鞘上斑梭形、长条形，不规则，长1～4cm，初期病斑内部青灰色水浸状，边缘红褐色，后期病斑变褐色甚至整叶水渍状腐烂。严重时病菌可侵入茎秆，病斑绕茎扩展可造成茎及茎基部变褐色腐烂或枯黄，并分蘖枯死。当草坪上出现小的枯草斑块时（北京地区约在6月中下旬或6月底7月初），预示着病害流行前兆。一旦条件适合时，即降雨和湿热。几天之内，枯草圈就可从几厘米扩展到几十厘米，甚至1～2m。由于枯草圈中心的病株可以恢复，即其中央绿色，边缘为枯黄色环带。在清晨有露水或高湿时，枯草圈外缘（与枯草圈交界处）有由萎蔫的新病株组成的暗绿色至黑褐色的润滑圈，即"烟圈"，当叶片干枯时烟圈消失。另外，在病鞘、茎基部还可看到有菌丝聚集形成的初为白色，以后变成黑褐色的菌核，易脱落。在修剪较高的多年生黑麦草、草地早熟禾、高羊茅草坪上，常常没有烟圈。在病害大发生之前12～24小时能闻到一种霉味，有时一直到发病后。若病株散生于草坪中，就无明显枯草斑。另外，该病还可在冷凉的春季和秋季引致黄斑症状（也称为冷季型草或冬季型褐斑）。

需要强调的一点是,褐斑病的症状表现变化很大,往往受草种类型(如冷季型或暖季型)、不同品种组合、不同立地环境和养护管理水平(如修剪高度、次数)、不同的气象条件及病原菌的不同株系等的影响,不一定都表现为典型症状。

【发病规律】 菌核有很强的耐高低温能力。它萌发的温度范围很宽为 8 ~ 40℃,但最适宜的侵染、发病温度为 21 ~ 32℃。当土壤温度升至 15 ~ 20℃时,菌核开始大量萌发,菌丝开始生长。但直到气温升至大约 30℃,同时空气湿度很高,且夜间温度高于20℃(在 21 ~ 26℃或更高)时,病菌才会明显地侵染叶片和其他部位。冷季型草病发盛期主要在夏季。

另外,枯草层较厚的老草坪,菌源量大、发病重;低洼潮湿、排水不良;田间郁闭,小气候湿度高;偏施氮肥,植株旺长,组织柔软;低修剪;灌水不当等因素都为病害流行提供了极有利的条件。

【防病方法】

1. 科学养护、调节生态环境
   - 合理施肥:在高温高湿天气来临之前或期间,要少施或不施 N 肥,可少量增施一定的 P、K 肥,有利于提高抗病性。
   - 科学灌水:避免漫灌和串灌,保持良好的排水功能;要注意灌透水(见湿见干);特别强调避免傍晚灌水,在草坪出现枯斑时,应在早晨尽早去掉吐水(或露水),有助于减轻病情。
   - 改善草坪通风透光条件:注意排水,降低田间湿度。过密草坪要适当打孔、疏草,以保持通风透光,改善小环境的湿度。
   - 及时修剪:草最好不超过10cm,就要修剪,但剪草又不要过低,一般留草高度在 5 ~ 6cm。
   - 清除枯草层和病残体,减少菌源量:枯草和修剪后的残草要及时清除,保持草坪清洁卫生。

2. 科学合理的化学防治
   - 成坪草坪的喷雾或灌根,必须在症状还未明显表现前用药,北京地区防治褐斑病的第一次用药时间最好在 4 月底或 5 月初。首选药剂为褐斑病专用杀菌剂"草病灵 1 号"或3%井冈霉素水剂(前者防病效果明显高于后者);其次是"防病保健 1 号"或"草病灵 4 号";其他药剂如代森锰锌、甲基托布津、粉锈宁、扑海因等也可选用,但效果不理想。按药剂使用技术说明，加水兑成所需浓度喷雾；一般在发病初期浓度可略低些（1500~2000倍），发病中后期要提高浓度（500~1000倍）。

- 灌根或泼浇；严重发病地块或发病中心，选择上述药剂高浓度、大剂量的灌根或泼浇，可有效地控制病害扩张。
- 无论是喷雾还是灌根必须达到足够的药液量，即每平方米不少于200~300ml；灌溉还要多些，否则难以保证防效。施药间隔时间，发病初期间隔时间可长些，中后期间隔短7~10天左右（视病情而定）。
- 当草坪上有腐霉枯萎病或其他病害同时发生时，应采取与草病灵2号或草病灵3号混合使用的方法。

6.2 腐霉枯萎病（油斑病）

腐霉枯萎病是由腐霉菌（*Pythium* spp.）引起的一种具有毁灭性的真菌病害，既能在冷湿环境中侵染危害，也能在天气炎热潮湿时猖獗流行。可以侵染所有草坪草。如冷季型草的早熟禾、草地早熟禾、细弱翦股颖、匍匐翦股颖、高羊茅、细叶羊茅、粗茎早熟禾、多年生黑麦草、意大利黑麦草和暖季型的狗牙根、红顶草等。其中以冷季型草坪草受害最重。

【症状识别】腐霉菌可侵染草坪草的各个部位，芽、苗和成株烂芽、苗腐、猝倒和根腐、根颈部和茎、叶腐烂。

成株受害，一般自叶向下枯萎或自叶鞘基部向上呈水渍状枯萎，病斑青灰色，后期有的病斑边缘变棕红色，根部受感染。

高温高湿条件下，常会使草坪突然出现直径2~5cm的圆形黄褐色枯草斑。清晨有露水时，病叶呈水浸状暗绿色，变软、黏滑，连在一起，用手触摸时，有油腻感，故得名为油斑病。当湿度很高时，尤其是在雨后的清晨或晚上，腐烂叶片成簇爬在地上且出现一层绒毛状的白色菌丝层，在枯草病区的外缘也能看到白色或紫灰色的菌丝体（依病菌不同种而不同）。修剪很低的草坪上枯草斑最初很小，但迅速扩大。

剪草高度较高的草坪枯草斑较大，形状不规则。在持续高温、高湿时，病斑很快联合，不到24小时内就会损坏大片草坪。这类死草区往往分布在草场最低湿的区段或水道两侧。病菌可随灌水传播，也能随设备传播。

在低温积雪地区，因土壤肥力高、排水不良、积雪覆盖等原因，常会引起雪腐病。以积雪溶化后最明显，表现为叶片生有大形暗绿色水浸状病斑，叶组织变褐或枯黄色死亡并被卵孢子充满，根大部分未受影响，但根冠已腐烂，根冠腐烂的植株很快死亡。

【发病规律】 病害主要有两个发病高峰。一个是苗期，尤其是秋播的苗期（8月20日至9月上旬左右）；另一个是在高温高湿的夏季，以后者对草坪的危害最大。高温高湿是腐霉菌侵染的最适合条件，当白天最高气温在30℃以上，夜间最低气温20℃以上，大气相对湿度高于90%，且持续14小时以上时，腐霉枯萎就可大发生。在高氮肥下生长茂盛的草坪最敏感，受害尤重；碱性土壤比酸性土壤发病重。也有一些种在温度11～21℃最活跃，而另一些种则在23～24℃时处于休眠状态。北京地区，腐霉枯萎病的主要危害期发生在6月下旬～9月上旬的高温季节。

【防治方法】 建植前要平整土地，黏重土壤或含沙量高的土壤需要改良，要设置排水设施，避免雨后积水，降低地下水位。良好的土壤排水条件对有效防治腐霉枯萎病是非常重要的。在排水不良或过于密实的土壤中生长的草坪根系较浅，大量灌水会加重腐霉枯萎病的病情。良好的通风也有助于防治该病。

1. 合理灌水，要求土壤见干见湿 无论采用喷灌、滴灌或用皮管灌水，要灌透水，尽量减少灌水次数，降低草坪小气候相对湿度。灌水时间最好在清晨或午后。任何情况下都要避免傍晚和夜间灌水。

2. 合理施肥 平衡施肥，避免施用过量N肥，增施P肥和有机肥。N肥过多会造成徒长，因而加重腐霉枯萎病的病情。

3. 合理修剪，清除枯草层 枯草层厚度超过2cm后及时清除；高温季节不要过多过频地剪草，剪草不要过低，一般保持在5～6cm较好。在高温潮湿当叶面有露水，特别看到已有明显菌丝时，不要修剪草，以避免病菌传播。

4. 提倡用不同草种或不同品种混合建植 在北京地区提倡以草地早熟禾为主适当混合高羊茅、黑麦草的不同草种混合播种或不同品种的草地早熟禾的混合播种。

5. 药剂防治 叶面喷雾，高温高湿季节要及时使用杀菌剂控制病害。主要选择内吸性杀菌剂，如草病灵2号、3号、4号药剂，或甲霜灵、乙膦铝或甲霜灵锰锌等药剂，兑水喷雾或灌根；使用浓度、次数和间隔时间视病情而定，一般使用浓度 500～2000 倍，间隔 10～14 天左右。为防止抗药性的生产，提倡药剂的混合使用或交替使用，如代森锰锌－甲霜灵－乙膦铝－草病灵 2 号或 3 号－乙膦铝或甲霜灵－草病灵 2 号或 3 号－乙膦铝各占 1/3 的混合使用。

6.3 夏季斑枯病（夏季斑）

夏季斑枯病是由草地早熟禾褐斑病引起的一种严重的真菌性病害，可以侵染多种冷季型禾草，其中以草地早熟禾受害最重。

【症状识别】发病草坪最初出现环行的、生长较慢的、瘦小的小斑块，以后草株褪绿变成枯黄色，或出现枯萎的圆形斑块，直径约 3～8cm，斑块逐渐扩大。典型的夏季斑为圆形的枯草圈，直径大多不超过 40cm 左右，但最大时也可达到 80cm。在持续高温条件下（白天高温达 28～35℃，夜温超过 20℃），病情迅速发展，草坪多处呈现不规则形斑块，且多个病斑愈合成片，形成大面积的不规则形枯草区。病斑开始在草坪上出现弥漫的黄色或枯黄色病点，很容易与高温逆境、昆虫危害及其他病害的症状相混。典型病株根部、根冠部和根状茎黑褐色，后期维管束也变成褐色，外皮层腐烂，整株死亡。仔细检查这些病组织，可以发现典型的网状稀疏的深褐色至黑色的外生菌丝。

【发生规律】病害主要发生在夏季高温季节中。当夏季持续高温（白天高温达到 28～35℃，夜温超过 20℃），病害就会迅速发生。

病菌在 21～35℃温度范围内均可侵染，并在寄生根部定殖，从而抑制根部生长，病害发生的最适合温度为 28℃。当 5cm 土层温度达到 18.3℃时病菌就开始进行侵染。随着炎热多雨天气的出现，或一段时间大量降雨或暴雨之后又遇高温天气，病害开始明显显现并很快扩展蔓延，造成草坪出现大小不等的秃斑。可一直持续到初秋。由于秃斑内枯草不能恢复，因此在下一个生长季节秃斑依然明显。该病还可通过清除植物残体的机器以及草皮的移植而传播。

夏季斑在高温而潮湿的年份、排水不良、土壤紧实、低修剪、频繁的浅层灌溉等养护方式的情况下发病严重；使用砷酸盐除草剂，速效氮肥和某些接触传导型杀菌剂也会加重病害。干旱一般与发病关系不大。在合适的条件下，病原菌可沿着根、冠部和茎组织蔓延，每周可达 3cm。

【防治方法】

1. 养护防止措施 夏季斑是一种根部病害，避免低修剪（一般不低于 5～6cm），特别是在高温时期。最好使用缓释氮肥，如含有硫黄包衣的尿素或硫铵。要深灌，尽可能减少灌溉次数。打孔、疏草、通风，改善排水条件，减轻土壤紧实等均有利于控制病害。

2. 抗病草种混播 选用抗病草种（品种）或选用抗病草种（品种）混播种植，种植多年生黑麦草、高羊茅或草地早熟禾的抗病品种等均可减轻病害的发病率。

3. 化学防治 草坪喷雾或灌根的主要药剂类型，有草病灵 3 号、2 号、4 号、70% 代森锰锌可湿性粉剂、70% 甲基托布津可湿性粉剂、50% 乙膦铝可湿性粉等。防治的关键时期，春末和夏初土壤温度定在 18～20℃之间时使用。使用浓度、次数和间隔时期视病情而定。一般使用浓度在 500～1000 倍，间隔 20 天左右，使用 2～3 次即可。为了提高防治效果，要求尽量将药液喷洒到植株根颈部，每平方米最少用药液量 300ml 左右。灌根时药液量还可增加。

6.4 镰刀枯萎病

镰刀枯萎病是由镰刀菌（*Fusarium* spp.）引起的一种重要的真菌病害。可侵染多种草坪禾草，如早熟禾、高羊茅、剪股颖等。主要引起根腐、颈基病、叶斑和叶腐、穗腐和枯萎等综合征，严重破坏草坪景观。

【症状识别】 草坪上的症状：开始初现淡绿色小的斑块，随后迅速变成枯黄色，在高温干旱的气候条件下，病草枯死变成枯黄色，根部、冠部、根状茎和匍匐茎变成黑褐色的干腐状。枯草斑圆形或不规则形，直径 2～30cm。枯萎的草坪上出现或不出现叶斑。当湿度高时，病草茎底部和冠部可出现白色至粉红色的菌丝体和大量的镰刀菌孢子。另外，温湿潮湿的天气，可造成草坪发生大面积的叶斑。叶斑主要生于老叶和叶鞘上（首先侵染叶尖），不规则形，初期水浸状墨绿色，后变枯黄色至褐色，病健交界处有褐色至红褐色边缘，外缘枯黄色。

3 年以上的草地早熟禾草坪被镰刀菌侵染后，可出现直径达 1m 左右的，呈条形、新月形、近圆形的枯草斑。枯草斑边缘多为红褐色。由于枯草斑中央为正常植株，整个枯草斑呈"蛙眼状"。多发生在夏季湿度过高或过低时。

在冷凉多湿季节，可单独或与雪腐捷氏霉并发，在草坪被积雪或其他覆盖物覆盖时造成叶子枯萎或草株死亡的斑块，在没有积雪或覆盖物覆盖时则造成草坪出现弥散的枯萎，引起雪腐病或叶枯病。

【发生规律】 病土、病残体和病种子是镰刀菌的主要初侵染来源。有些种子还可以厚壁的厚垣孢子在土壤中或土壤顶层枯草层中越冬。春天温度回升，湿度和营养条件适宜时，病菌迅速生长，厚垣孢子也很快萌发产生新的菌丝体，并产生大量孢子，尤其是在潮湿土壤顶层的枯草层中更多。分生孢子随气流传播，不断进行再侵染。导致草株大量受害，或造成叶斑，或造成冠部和根部腐烂。

高温和干旱有利于冠部和根部腐烂病的发生，土壤含水量过低或过高都有利于镰刀枯萎综合征严重发生，干旱后长期高温或枯草层温度过高时发病尤重。春季或夏季过多地或不平衡地使用氮肥、草的修剪高度过低、土层表层枯草层太厚等，均有利于镰刀菌的发生。pH 值高于 7.0 或低于 5.0 等也都有利于根腐和基腐发生。长期高湿条件下有利于叶斑病的发生。

冠腐、根腐、叶斑和冷湿季节的雪腐、叶枯等症状可在任何龄期的草坪上发生。

【防治方法】 冠部和根腐烂病可以通过使逆境胁迫最小化而加以减轻。不要修剪过低，及时清除枯草层。平衡施肥，避免大量使用氮肥。减少浇水次数，应适当深浇，提供足够的湿度而不致造成干旱胁迫。

1. 种植抗病、耐病草种或品种。
2. 从无病的原产地引种。
3. 科学施肥：提倡重施秋肥，轻施春肥。增施有机肥和 P、K 肥，控制 N 肥用量。
4. 减少灌溉次数，控制灌水量以保证草坪既不干旱亦不过湿。斜坡易干旱，需补充灌溉。
5. 及时清理枯草层，使其厚度不超过 2cm。病草坪剪草高度应不低于 4～6cm。保持土壤 pH 值在 6～7。
6. 在发生根颈腐烂症状始期，可用草坪灵 2、3 号，多菌灵，甲基托布津等内吸杀菌剂喷雾或灌根。使用方法可参考褐斑病。

6.5 炭疽病

炭疽病是有禾生刺盘孢 (*Colletotrichum graminicola*) 引起的一种真菌病害，可侵染几乎所有的草坪草，以在一年生早熟禾和匍匐剪股颖上造成的危害最严重。

【症状识别】 不同的环境条件下炭疽病症状表现不同。冷凉潮湿时，病菌主要造成根茎、茎基部腐烂，以茎基部症状最明显。病斑初期水渍状，颜色变深，并逐渐发展成圆形褐色大斑，后期病斑长有小黑点（分生孢子盘）。当冠部组织也受侵染严重时，草株生长瘦弱，变黄枯死。天气暖和时，特别是当土壤干燥而大气湿度很高时，病菌很快侵染老叶，明显加速叶和分蘖的衰老死亡。叶片上形成长形的、红褐色的病斑，而后叶片变黄、变褐以致枯死。当茎基部被侵染时，整个分蘖也会出现以上病变过程。特别是草坪上出现直径从几个厘米至几米的、不规则状的枯草斑，斑块呈红褐色—黄色—黄褐色—褐色的变化，病株下部叶鞘组织和茎上经常可看到灰黑色的菌丝体的侵染垫，在枯死茎、叶上还可看到小黑点。

炭疽病症状的典型特点是在病斑上产生黑色小粒点，显微镜检察分生孢子盘上刚毛存在与分生孢子，可作为快速诊断炭疽病发生的依据。

【发病规律】 病原菌以菌丝体和分生孢子在病株和病残体中度过不适时期。湿度高、叶面湿润时，病菌可穿透叶、茎或根部组织造成侵染。于病害发生密切相关的基本条件是那些造成草坪草逆境的环境，即：高温高湿的天气，土壤紧密，磷肥、钾肥、氮肥和水分供应不足，叶面或根部水膜等。该病几乎任何时候都能发生，但通常在夏季的数月中的凉爽、暖和天气里最具破坏性。

【防治方法】

1. 科学的养护管理：适当、均衡施肥，避免在高温或干旱期间使用含量高的氮肥，增施磷钾肥。避免在午后或晚上浇水，应深浇水，尽量减少浇水次数。避免造成逆境条件。保持土壤疏松减少紧实程度，适当修剪，及时清除枯草层。
2. 种植抗病草种、品种。
3. 发病初期，用百菌清或乙膦铝等内吸性杀菌剂兑水喷雾，一般浓度为 500～800 倍。

6.6 蘑菇圈

蘑菇圈又称仙环病。是由大量的土壤表层植物残渣和土壤习居的担子菌引起的草坪草上的一种病害，可危害各种草坪草。

【症状识别】春季和夏初，潮湿的草坪上可出现环形或弧形的深绿色或生长迅速的草围成的圈。疯长的草坪草形成的带宽 10～20cm。

蘑菇圈为三种类型：第一种类型，蘑菇圈有一条由死草围成的环形带和一条或两条由深绿色旺长的草围成的环形带。第二种类型，蘑菇圈只有一深色的旺长的草围成的圈，长有担子果。第三种类型，蘑菇圈的担子果环形排列，它们对草坪的生长没有明显的影响。

【发病规律】蘑菇圈最初的外观一般是病草围成一个小圆圈或出现一束担子果。蘑菇圈的直径每年都增大几厘米，有时可达 0.5m。随着蘑菇圈病菌往圈外迅速生长，圈内老菌丝逐渐死亡，而随之出现内圈旺长的现象。在第二种类型的蘑菇圈中，内层环带和外层环带的旺长同时出现，没有死草的环带。对于死草机制，目前还无定论。一般沙壤土中，低肥和水分不足的土壤上病害最严重。浅灌溉、浅施肥、枯草层厚、干旱都有利病害的发生。

【防治方法】
1. 保证土壤水分充足。
2. 土壤熏蒸、土壤更换、土壤耕作和混合等。
3. 及时清除枯草层，深灌透灌水，拔除担子果。
4. 药剂防治，必要时可用溴甲烷或棉隆熏蒸土壤，也可打孔浇灌百菌清等。

6.7 锈病

锈病主要由锈菌（*Puccinia* spp.）引起草坪禾草上的一类重要病害，几乎每种禾草上都有一种或几种锈菌危害。其中以冷季型草中的多年生黑麦草、高羊茅和草地早熟禾发病最重。

草坪草锈病种类很多，常发生的主要有：条锈病、叶锈病、秆锈病和冠锈病。此外，还有一些其他禾草锈病。北京地区冠锈病危害最重。

【症状识别】锈菌主要危害叶片、叶鞘或茎秆，在感病部位生成黄色至铁锈色的夏孢子堆和黑色冬孢子堆，被锈病侵染的草坪远看是黄色的。

【发生规律】 锈菌是一种离开寄主就不能存活的严格寄生菌。只要夏季草能正常生长的地区，病菌就可以在病草的发病部位越冬、越夏。北京地区一般春秋季发病重，4月份就可始见发病中心，至11月下旬病害还很严重。病菌在适宜温度和叶面必须有水膜的条件下才能萌发。一般6～10天就可发病，10～14天后产生夏孢子，随风传播，在发病地区内随气流、雨水飞溅、人畜机械携带等途径在草坪内和草坪间传播。

【防治方法】

1. 种植抗病草种和品种并进行合理布局 草地早熟禾、多年生黑麦草和高羊茅（7:2:1）的混播，或草地早熟禾不同品种的混播。

2. 科学的养护管理 增施P、K肥，适量施用N肥。合理灌水，降低田间湿度，发病后适时剪草，适当减少草坪周围的树木和灌木。

3. 化学防治 三唑类杀菌剂防止锈病。常见品种有：粉锈宁、羟锈宁、速保利、立克秀等。生长期喷雾。一般在发病早期（以封锁发病中心为重点时期），常用25%三唑酮可湿性粉剂1000～2500倍液，12.5%速保利可湿性粉剂2000倍液等兑水喷雾。通常在修剪后，用15%粉锈宁乳剂1500倍喷雾，间隔30天后再用1次。

6.8 白粉病

白粉病是由禾布氏白粉菌（*Erysiphe graminis*）引起的一种真菌病害。为草坪禾草常见病害。早熟禾、细羊茅和狗牙根发病最重。

【症状识别】 主要侵染叶片和叶鞘，也危害茎秆和穗部。受侵染的草皮呈灰白色，像是被撒了一层面粉。开始的症状是叶片上出现1～2mm大小病斑，以正面较多。以后逐渐扩大成近圆形、椭圆形绒絮状霉斑，初白色，后变灰白色、灰褐色。霉斑表面着生一层粉状分生孢子，易脱落飘散，后期霉层中形成棕色到黑色的小粒点，即病原菌的闭囊壳。随着病情的发展，叶片变黄，早枯死亡。

【发病规律】 病菌主要以菌丝体或闭囊壳在病株体内越冬，也能以闭囊壳在病残体中越冬。在晚春或初夏侵染禾草，在草坪草上形成初侵染。在新病叶上1周内（大约4天左右），就可产生大量分生孢子，不断引起再侵染。温湿度与白粉病发生程度密切相关。通常在春秋季发病较重。

气温2℃上下就可发病，15～20℃为发病适温，当温度超过25℃以上时病害发展趋于缓慢。湿度越高对病害越有利，但雨水太多或连续降雨又对病害不利。在凉爽（15～22℃）、潮湿以及多云阴天的环境病重。

【防治方法】

1. 种植抗病草种和品种并合理布局是防止白粉病的重要措施。多年生黑麦草和早熟禾及草地早熟禾的'Nugget'和'Bensun'两个品种比较抗病。

2. 三唑类杀菌剂防治，常见品种有：粉锈宁、羟锈宁、速保利、立克秀等。生长期喷雾，一般在发病早期（以封锁发病中心为重点时期），通常在修剪后用25%三唑酮可湿性粉剂1000～2500倍液，12.5%速保利可湿性粉剂2000倍液等兑水喷雾。另外，还可选用25%多菌灵可湿性粉剂500倍液，70%甲基托布津可湿性粉剂1000～1500倍液，50%退菌特可湿性粉剂1000倍液等。

3. 降低种植密度，适时修剪，注意通风透光；减少氮肥，增施磷钾肥；合理灌水，不要过湿过干。

6.9 线虫病害

线虫病害在各地均有发生，可侵染所有草坪草。还因它取食造成的伤口而诱发其他病害，或有些线虫本身就携带病毒、真菌、细菌等病原物而引起病害。

【症状识别】 叶片上均匀地出现轻微至严重的褪色，根短，毛根多或根上有病斑，肿大或结节，整株生长减慢。草坪上出现环形或不规则形状的斑块。线虫病害的识别，除要进行仔细的症状观察外，唯一确定的方法是在土壤中和草坪根部取样检测线虫。

【发病规律】 线虫主要以幼虫危害。随地表水的径流或病土或病草皮或病种子进行远距离传播。适宜的土壤温度（20～30℃）和湿度，土表的枯草层是线虫繁殖的有利环境。

【防治方法】

1. 保证使用无线虫的种子、无性繁殖材料（草皮、匍匐茎或小枝等）和土壤（包括覆盖的表土）建植新草坪。

2. 浇水：只要保证表层土壤不干，合理施肥，增施P、K肥，适时松土，清除枯草层。

3. 化学防治：施药应在气温 10℃以上，以土壤温度 17～21℃的效果最佳。溴甲烷是目前一种较好的土壤熏蒸剂。禾草播前，当温度大于 8℃后，就可使用。每平方米用 681g 听装溴甲烷 50～100g，不仅对线虫有很好的防治效果，还兼有防止土传病害和杀虫、除杂草的作用。棉隆和二氯异丙醚，也是常用的杀线虫药剂。

4. 可用植物根际宝防治草坪线虫。

6.10 细菌病害

细菌性萎蔫病，能在很多禾草上寄生。

【症状识别】细菌病害在草坪草的主要表现：

1. 叶片上出现小的黄色病斑，并可愈合形成长条斑，叶子变成黄褐色至深褐色。

2. 出现散乱的、很大的、深绿色的水渍状病斑，病斑迅速干枯并死亡。

3. 出现细小（1mm）的水渍状病斑，病斑不断扩大，变成灰绿色，然后变成黄褐色或白色，最后死亡。病斑经常合成不规则的长条斑或斑块而杀死整片叶。潮湿时，从病斑处渗出菌脓。

病害主要在春秋两季的潮湿、凉爽而暖和的时期发生，开始时叶片呈现蓝绿色的枯萎景象。病叶皱缩，逐渐变成红褐色或紫色，最后叶子死亡。在开始死亡的草坪上出现细小的、直径为 1cm 的斑块，渐渐的草坪草不规则形状的大面积死亡。

【发生规律】主要以伤口侵入，包括修剪造成的剪口，或线虫或机械损伤造成的伤口等。叶片上有吐水液滴时，由水孔侵入。在持续降雨条件下，病害就很快扩展蔓延。在持续降雨之后，紧跟着出现高温暴晒的天气，病害就可能暴发流行，留茬低的草坪比留茬高的草坪发病重。春秋两季凉爽而潮湿的天气有利于发病。

【防治方法】

1. 种植抗病品种并采取多品种混合种植。

2. 精心管理，合理施肥，注意排水，适度剪草，避免频繁表面覆沙等措施都可减轻病害。

3. 抗菌素如土霉素、链霉素等对细菌性萎蔫有一定的防治效果。要求高浓度，加大液量，一般有效期可维持 4～6 周。

6.11 小地老虎

见本书 P212～213 地下害虫小地老虎中的内容。

6.12 大地老虎

见本书 P214～215 地下害虫大地老虎中的内容。

6.13 同型巴蜗牛

【危害】多食性，主要危害白三叶、小冠花等豆科草坪草。

【发生规律】同型巴蜗牛一年繁殖 1 代，以成贝和幼贝越冬，越冬场所在潮湿阴暗处，越冬蜗牛与第二年 3 月初逐渐开始取食，4～5 月间成贝交配产卵，可危害多种植物幼苗。蜗牛是雌雄同体一体受精的，宜可自体受精繁殖，任何一体均能产卵。每一成贝可产卵 30～325 粒，卵多产在潮湿疏松的土里或枯叶下，蜗牛一生多次产卵，从 3～10 月均能查到卵，但以 4～5 月和 9 月卵量较大，每次产卵 50～60 粒推集成堆。卵期约 14～31 天，蜗牛喜阴湿，如遇雨天，昼夜活动危害作物；而在干旱情况下，白天潜伏，夜间活动。蜗牛是否大发生与温度、雨量有直接关系。若上一年 9～10 月雨日达 28 天以上，当年 3 月中下旬平均气温 11.5℃以上，4～5 月雨日在 38 天以上，4 月中旬至 5 月上旬将要大发生，其中任一条件改变，都不利于蜗牛生长，就不能大发生或发生期向后推迟；若 4～5 月雨日在 40 天以上，9～10 月雨日在 30 天以上，10 月份也可能大发生。蜗牛的天敌已知有步行虫、沼蝇、蛙、蜥蜴以及微生物等。

【防治方法】
1. 清洁草坪，铲除杂草，并撒上生石灰粉，以减少蜗牛的滋生地。
2. 在草坪中撒石灰带，每公顷用 75～112.5kg 生石灰，或茶枯粉每公顷 45～75kg，可毒杀蜗牛。
3. 用蜗牛敌（多聚乙醛）配置成含 2.5%～6% 有效成分豆饼（磨碎）

或玉米粉等毒饵，于傍晚施于草坪中进行诱杀。

4. 将氨水用水稀释 70～100 倍，于夜间喷洒，既毒杀蜗牛，又同时施肥。

5. 人工捕捉成贝或幼贝，或用树叶、杂草、菜叶等作诱集堆，天亮前蜗牛潜伏在诱集堆下，即可集中捕捉。

6.14 参环蚯蚓

【危害】 蚯蚓虽然有松土的作用，并能使土壤疏松和肥沃，但是草坪中蚯蚓达到一定数量后，就会造成危害并破坏草坪景观。损伤草根，甚至引起草坪退化。

【发生特点】 参环蚯蚓白天蛰居于土内，夜间爬出地面，以地面落叶和其他腐殖质为食，夜间经常将前端钻入土内，后端伸出地面，将粪便（其实主要是泥土）排在地面上，成疏散的"蚓粪"，使草坪表面出现许多凹凸不平的小土堆，黎明即钻入土内，在春夏多雨的时候，参环毛蚓白天也经常爬出地面。参环蚯蚓雌雄同体，异体受精，有很强的再生能力。

【防治方法】 当草坪中的蚯蚓造成危害后，可施用 14％毒死蜱颗粒剂，每公顷用量 22.5kg，也可用 40.7％毒杀蜱乳油浇灌处理，每公顷用量 3L，兑水 200L。

6.15 东方黏虫

见本书 P201 食叶害虫东方黏虫中的内容。

7
园林植物病虫种类

爬地柏：	刺吸害虫：	小爪螨。
铅笔柏：	食叶害虫：	柏毒蛾。
	刺吸害虫：	小爪螨、蚱蝉。
沙地柏：	蛀干害虫：	双条杉天牛。
雪松：	食叶害虫：	蓑蛾、小蓑蛾。
	刺吸害虫：	日本龟蜡蚧、日本单脱盾蚧、草履蚧、柏小爪螨。
	蛀干害虫：	翅天牛、松梢斑螟、松六齿小蠹。
	地下害虫：	星花金龟、华北蝼蛄。
	病害：	木猝倒病。
油松：	食叶害虫：	蓑蛾、舞毒蛾、油松毛虫。
	刺吸害虫：	大蚜、日本单脱盾蚧、草履蚧、斑须蝽。
	蛀干害虫：	梢斑螟、松六齿小蠹、薄翅天牛。
	地下害虫：	青花金龟、华北蝼蛄。
圆柏：	食叶害虫：	蓑蛾、大蓑蛾、侧柏毒蛾、黏虫。
	刺吸害虫：	小爪螨。
	蛀干害虫：	条杉天牛、柏肤小蠹。
	地下害虫：	华北蝼蛄、萍毛丽金龟。
云杉：	食叶害虫：	杉小卷蛾、舞毒蛾。
	刺吸害虫：	叶松球蚜、日本单脱盾蚧、柏小爪螨。
	蛀干害虫：	松梢斑螟、双条杉天牛、云杉黑天牛、松六齿小蠹、云杉八齿小蠹。
	地下害虫：	云斑金龟、小地老虎。

	病害：	纹羽病。
大叶黄杨：	食叶害虫：	蓑蛾、大蓑蛾、黄刺蛾、扁刺蛾、丝棉木金星齿蛾、卫矛巢蛾、黄杨绢野螟、大造桥虫。
	刺吸害虫：	室白粉虱、棉蚜、桃蚜、卫矛矢尖盾蚧、桑白盾蚧、日本龟蜡蝉、草履蚧、斑衣蜡蝉。
	蛀干害虫：	斑锦天牛、六星黑点豹蠹蛾。
	地下害虫：	铜绿丽金龟、毛黄金龟、小地老虎。
	病害：	大叶黄杨炭疽、大叶黄杨白粉病。
冬青：	食叶害虫：	褐边绿刺蛾、霜天蛾、红天蛾、黄杨绢野蛾。
	病害：	日本菟丝子。
黄杨：	食叶害虫：	黄杨绢野蛾、丝棉木金星、大蓑蛾、扁刺蛾、黄刺蛾、石榴巾夜蛾、黄褐天幕毛虫。
	刺吸害虫：	卫矛矢尖盾蚧、矢尖盾蚧、日本单脱盾蚧、日本龟蜡蚧、棉蚜。
	蛀干害虫：	双斑锦天牛、六星黑点豹蠹蛾。
	地下害虫：	毛黄金龟、华北蝼蛄。
	病害：	黑斑病、白粉病。
金叶女贞：	食叶害虫：	桑刺尺蛾。
	刺吸害虫：	丁香蓟马。
	蛀干害虫：	六星黑点豹蠹蛾。
	病害：	白纹羽病。
女贞：	食叶害虫：	霜天蛾、小蓑蛾、大蓑蛾、女贞尺蛾、丝棉木金星、桑刺尺蛾、黄刺蛾、石榴巾夜蛾、棉大卷叶蛾、柑橘凤蝶。
	刺吸害虫：	桑白盾蚧、草履蚧、斑衣蜡蝉、温室白粉虱、桃蚜、茶翅蝽。
	蛀干害虫：	云斑天牛、桑天牛、六星黑点豹蠹蛾。
	地下害虫：	铜绿丽金龟、白星花金龟、小地老虎。
	病害：	日本菟丝子、白纹羽病。
白蜡：	食叶害虫：	黄刺蛾、褐边绿刺蛾、双齿绿刺蛾、扁刺蛾、霜天蛾、大蓑蛾、桑刺尺蛾、盗毒蛾、美国白蛾、铜绿丽金龟。
	刺吸害虫：	蚱蝉、斑须蝽、槐坚蚧、草履蚧、日本龟蜡蚧、

白蜡绵粉蚧、黑龙江粒粉蚧、柿绵粉蚧、桑白盾蚧。

蛀干害虫：芳香木蠹蛾东方亚种、小线角木蠹蛾、六星吉丁虫、日本木蠹蛾、白蜡哈氏茎蜂、六星黑点豹蠹蛾、白蜡窄吉丁虫。

地下害虫：毛黄金龟、铜绿丽金龟。

臭椿： 食叶害虫：臭椿皮蛾、大蓑蛾、扁刺蛾、小蓑蛾、早刺蛾、桑褐刺蛾、白星花金龟、美国白蛾、大造桥虫。

刺吸害虫：白蜡绵粉蚧、桑白盾蚧、草履蚧、温室白粉虱、斑衣蜡蝉、斑须蝽。

蛀干害虫：臭椿沟眶象、沟眶象、小线角木蠹蛾、芳香木蠹蛾东方亚种、六星黑点豹蠹蛾。

地下害虫：白星花金龟。

垂柳： 食叶害虫：柳雪毒蛾、榆毒蛾、舞毒蛾、梨剑纹夜蛾、大蓑蛾、小蓑蛾、杨扇舟蛾、杨二尾舟蛾、扁刺蛾、桑褐刺蛾、黄刺蛾、褐边绿刺蛾、柳蓝叶甲、榆黄叶甲、黏虫、黄褐天幕毛虫、柳细蛾、丝绵木金星尺蛾、铜绿丽金龟、柳厚壁叶蜂。

刺吸害虫：草履蚧、桑白盾蚧、蚱蝉、小绿叶蝉、斑衣蜡蝉、茶翅蝽、斑须蝽、柳黑毛蚜、棉蚜、杨始叶螨、膜肩网蝽。

蛀干害虫：光肩星天牛、云斑天牛、薄翅天牛、桑天牛、黄斑星天牛、芳香木蠹蛾东方亚种、榆木毒蛾。

病害：柳树细菌性枯萎病、白纹羽病、杨柳腐烂病、日本菟丝子。

刺槐： 食叶害虫：小蓑蛾、大蓑蛾、沙枣尺蛾、桑刺尺蛾、豆天蛾、梨剑纹夜蛾、舞毒蛾、黄刺蛾、白眉刺蛾、褐边绿刺蛾、人纹污灯蛾、黏虫、国槐尺蛾、四纹丽金龟、小青花金龟。

刺吸害虫：斑衣蜡蝉、斑须蝽、槐蚜、槐花球蚧、槐坚蚧、草履蚧、朱砂叶螨、山楂叶螨。

蛀干害虫：光肩星天牛、桑天牛、红缘天牛、榆木毒蛾。

地下害虫：苹毛丽金龟、小青花金龟、白星花金龟、棕色金龟、华北蝼蛄、小地老虎。

棠棠： 刺吸害虫： 朱砂叶螨。

立柳： 食叶害虫： 大蓑蛾、褐刺蛾、黄刺蛾、扁刺蛾、丝棉木金星尺蛾、杨二尾舟蛾、柳细蛾、杨扇舟蛾、柳雪毒蛾、盗毒蛾、梨剑纹夜蛾、柳蓝叶甲、杨柳小卷蛾、黄褐天幕毛虫、铜绿丽金龟。

刺吸害虫： 蚱蝉、柳黑毛蚜、槐蚜、斑须蝽、膜剑网蝽、朱砂叶螨。

蛀干害虫： 光肩星天牛、云斑天牛、薄翅天牛、红缘天牛、黄斑星天牛、桑天牛、桃红劲天牛、芳香木蠹蛾东方亚种、日本木蠹蛾、榆木毒蛾。

地下害虫： 白星花金龟、铜绿丽金龟、小地老虎。

病害： 柳树细菌性枯萎病、杨柳腐败病、白纹羽病。

合欢： 食叶害虫： 合欢巢蛾、桑褐刺蛾、扁刺蛾、木橑尺蛾、石榴巾夜蛾、枯叶夜蛾。

刺吸害虫： 合欢吉丁虫、双齿长蠹。

地下害虫： 小地老虎。

病害： 合欢枯萎病。

核桃： 食叶害虫： 大蓑蛾、小蓑蛾、黄刺蛾、褐刺蛾、褐边绿刺蛾、白眉刺蛾、桑刺尺蛾、沙枣尺蛾、木橑尺蛾、黄褐天幕毛虫。

刺吸害虫： 斑衣蜡蝉、蚱蝉、草履蚧、桑白盾蚧、白蜡绵粉蚧、山楂叶螨。

蛀干害虫： 桃红劲天牛、云斑天牛、桑天牛、六星吉丁虫、金缘吉丁虫、芳香木蠹蛾东方亚种、日本木蠹蛾、榆木毒蛾、小线角木蠹蛾。

地下害虫： 苹毛丽金龟、棕色鳃金龟。

红瑞木： 食叶害虫： 黄刺蛾、舞毒蛾。

病害： 樱花褐斑穿孔病。

蝴蝶槐： 食叶害虫： 沙枣尺蛾、槐羽舟蛾、国槐尺蛾。

刺吸害虫： 槐蚜。

国槐： 食叶害虫： 国槐尺蛾、沙枣尺蛾、丝棉木金星尺蛾、木橑尺

		蛾、槐羽舟蛾、扁刺蛾、黄褐天幕毛虫、美国白蛾、豆天蛾。
	刺吸害虫：	槐坚蚧、桑白盾蚧、草履蚧、槐花球蚧、槐蚜、茶翅蝽、蚱蝉、斑衣蜡蝉、朱砂叶螨、山楂叶螨。
	蛀干害虫：	光肩星天牛、双齿长蠹、小线角木蠹蛾、芳香木蠹蛾东方亚种、六星黑点豹蠹蛾、国槐小卷蛾。
	地下害虫：	铜绿丽金龟、华北蝼蛄。
	病害：	槐树腐烂病、苗木猝倒病、树木煤污病、白纹羽病。
黄金树：	蛀干害虫：	楸蠹野螟。
黄栌：	食叶害虫：	木橑尺蛾、舞毒蛾。
	病害：	黄栌白粉病。
卫矛：	食叶害虫：	丝棉木金星尺蛾。
接骨木：	食叶害虫：	红天蛾。
君迁子：	食叶害虫：	白眉刺蛾。
苦楝：	食叶害虫：	霜天蛾、扁刺蛾、桑褐刺蛾。
	刺吸害虫：	蚱蝉、斑衣蜡蝉、桑白盾蚧。
	蛀干害虫：	薄翅天牛、云斑天牛、桑天牛、光肩星天牛。
	地下害虫：	小地老虎、白星花金龟。
龙爪槐：	食叶害虫：	国槐尺蛾、槐羽舟蛾。
	刺吸害虫：	槐蚜。
	蛀干害虫：	小线角木蠹蛾、日本木蠹蛾。
栾树：	食叶害虫：	沙枣尺蛾。
	刺吸害虫：	栾多态毛蚜、瘤坚大球蚧。
	蛀干害虫：	六星吉丁虫、双齿长蠹、小线角木蠹蛾、光肩星天牛。
毛白杨：	食叶害虫：	大蓑蛾、黄刺蛾、扁刺蛾、舞毒蛾、柳毒蛾、盗毒蛾、杨二尾舟蛾、杨扇舟蛾、小青花金龟、白星花金龟、四纹丽金龟、柳蓝叶甲。
	刺吸害虫：	日本龟蜡蚧、草履蚧、杨白毛蚜、杨花毛蚜、斑衣蜡蝉、蟪蛄、膜肩网蝽。
	蛀干害虫：	光肩星天牛、薄翅天牛、桑天牛、青杨天牛、云

		斑天牛、白杨透翅蛾、杨干透翅蛾、六星黑点豹蠹蛾、杨干象。
	地下害虫：	小青花金龟、白星花金龟、四纹丽金龟、大地老虎。
	病害：	杨树破腹病、杨柳腐烂病、杨树黑斑病。
泡桐：	食叶害虫：	大蓑蛾、小蓑蛾、霜天蛾、豆天蛾、扁刺蛾、枣刺蛾、银纹夜蛾、盗毒蛾、柳雪毒蛾、棉大卷叶螟、樗蚕蛾、棉铃虫、大造桥虫、柳蓝叶甲、苹毛丽金龟。
	刺吸害虫：	杨白毛蚜、桑白盾蚧、草履蚧、槐坚蚧、柿绵粉蚧、斑须蝽、茶翅蝽、小绿叶蝉、斑衣蜡蝉、蚱蝉、山楂叶螨。
	蛀干害虫：	云斑天牛、桑天牛、光肩星天牛、薄翅天牛。
	地下害虫：	铜绿丽金龟、毛黄鳃金龟。
	病害：	泡桐丛枝病、泡桐炭疽病。
槭属：	食叶害虫：	沙枣尺蛾、褐边绿刺蛾、舞毒蛾、四纹丽金龟。
	刺吸害虫：	柿绵粉蚧。
	蛀干害虫：	芳香木蠹蛾东方亚种。
	地下：	白纹羽病。
千头臭椿：	蛀干害虫：	臭椿沟眶象、沟眶象。
青桐：	食叶害虫：	大蓑蛾、棉大卷叶螟、樗蚕蛾、褐边绿刺蛾、霜天蛾。
	刺吸害虫：	茶翅蝽、青桐木虱、柿绒蚧、槐坚蚧。
楸树：	食叶害虫：	霜天蛾。
	蛀干害虫：	楸蠹野螟。
	地下害虫：	四纹丽金龟。
桑：	食叶害虫：	榆毒蛾、盗毒蛾、大蓑蛾、扁刺蛾、褐边绿刺蛾、黄刺蛾、桑褐刺蛾、人纹污灯蛾、沙枣尺蛾、黄褐天幕毛虫、棕色鳃金龟。
	刺吸害虫：	蚱蝉、蝼蛄、斑须蝽、茶翅蝽、桑白盾蚧、小绿叶蝉、柿绒蚧、槐坚蚧。
	蛀干害虫：	桑天牛、光肩星天牛、薄翅天牛。
山桃：	食叶害虫：	黄刺蛾、苹掌舟蛾、黄褐天幕毛虫、梨叶斑蛾、桃潜叶蛾。
	刺吸害虫：	桃粉大尾蚜、桃蚜、桃瘤蚜、桑白盾蚧、斑须蝽、

梨冠网蝽、山楂叶螨、朱砂叶螨。

	蛀干害虫：	桃红颈天牛、金缘吉丁虫。
柿：	食叶害虫：	小青花金龟、铜绿丽金龟、红缘灯蛾、黄刺蛾、褐边绿刺蛾、扁刺蛾、双齿绿刺蛾、白眉刺蛾。
	刺吸害虫：	茶翅蝽、柿绵粉蚧、日本龟蜡蚧、柿绒蚧。
	蛀干害虫：	双齿长蠹、六星黑点豹蠹蛾、梨小食心虫、六星吉丁虫。
丝棉木：	食叶害虫：	丝棉木金星尺蛾、樗蚕蛾、卫矛巢蛾。
	刺吸害虫：	日本龟蜡蚧、瘤坚大球蚧。
桃：	食叶害虫：	梨叶斑蛾、杨枯叶蛾、桃潜叶蛾、苹掌舟蛾、臭椿皮蛾、金纹细蛾。
	刺吸害虫：	桃瘤蚜、桃粉大尾蚜、桃蚜、蚱蝉、小绿叶蝉、草履蚧、桑白盾蚧、槐坚蚧、瘤坚大球蚧、槐花球蚧、梨冠网蝽、茶翅蝽。
	蛀干害虫：	桃红颈天牛、梨小食心虫、金缘吉丁虫、日本小蠹蛾。
	病害：	桃缩叶病、流胶病、樱花褐斑穿孔病。
天目琼花：	食叶害虫：	黄刺蛾。
卫矛：	食叶害虫：	卫矛巢蛾、丝棉木金星尺蛾。
	刺吸害虫：	瘤坚大球蚧、杨白毛蚜、槐坚蚧、卫矛矢尖盾蚧。
香椿：	食叶害虫：	大蓑蛾、黄刺蛾、臭椿皮蛾。
	刺吸害虫：	斑衣蜡蝉、桑白盾蚧、草履蚧、斑须蝽。
杨属：	食叶害虫：	大蓑蛾、柳细蛾、黄褐天幕毛虫、豆天蛾、扁刺蛾、黄刺蛾、双齿绿刺蛾、褐边绿刺蛾、桑褐刺蛾、杨柳小卷蛾、杨扇舟蛾、杨二尾舟蛾、舞毒蛾、角斑古毒蛾、盗毒蛾、柳雪毒蛾、杨枯叶蛾、沙枣尺蛾、丝棉木金星尺蛾、桑刺尺蛾、木橑尺蛾、金纹细蛾、美国白蛾、杨白潜叶蛾、柳蓝叶甲、四纹丽金龟。
	刺吸害虫：	斑须蝽、膜肩网蝽、杨白毛蚜、杨花毛蚜、蚱蝉、螻蛄、斑衣蜡蝉、瘤坚大球蚧、日本龟蜡蚧、草履蚧、桑白盾蚧、槐花球蚧、朱砂叶螨、杨始叶螨、

山楂叶螨。

蛀干害虫：	六星吉丁虫、青杨天牛、桑天牛、光肩星天牛、薄翅天牛、云斑天牛、黄斑星天牛、青杨脊虎天牛、白杨透翅蛾、杨干透翅蛾、小线角木蠹蛾、日本木蠹蛾、六星黑点豹蠹蛾、榆木蠹蛾、杨干象。
地下害虫：	铜绿丽金龟、白星花金龟、苹毛丽金龟、小云斑鳃金龟、四纹丽金龟、小青花金龟、毛黄鳃金龟、大地老虎、小地老虎、华北蝼蛄。
病害：	杨树溃疡病、杨树根癌病、杨树白粉病、树木煤污病、杨树破腹病、白纹羽病、杨树黑斑病、杨柳腐烂病、苗木猝倒病、日本菟丝子。

银杏：

食叶害虫：	扁刺蛾、黄刺蛾、桑褐刺蛾、褐边绿刺蛾、樗蚕蛾、大蓑蛾、美国白蛾、舞毒蛾、大造桥虫。
刺吸害虫：	桑白盾蚧。
蛀干害虫：	榆木蠹蛾、小线角木蠹蛾。
病害：	苗木猝倒病、日本菟丝子。

榆树：

食叶害虫：	大蓑蛾、小蓑蛾、榆毒蛾、舞毒蛾、角斑古毒蛾、盗毒蛾、桑褐刺蛾、扁刺蛾、褐边绿刺蛾、黄刺蛾、豆天蛾、黄褐天幕毛虫、杨二尾舟蛾、苹掌舟蛾、榆掌舟蛾、大造桥虫、丝棉木金星尺蛾、沙枣尺蛾、木橑尺蛾、美国白蛾、白钩蛱蝶、榆绿叶甲、榆黄叶甲、铜绿丽金龟、白星花金龟、小青花金龟、苹毛丽金龟。
刺吸害虫：	斑衣蜡蝉、蚱蝉、茶翅蝽、斑须蝽、秋四脉绵蚜、草履蚧、槐坚蚧、日本龟蜡蚧、桑白盾蚧、槐花球蚧、瘤坚大球蚧、蔷薇白轮盾蚧、黑龙江粒粉蚧。
蛀干害虫：	云斑天牛、光肩星天牛、薄翅天牛、红缘天牛、桑天牛、小线角木蠹蛾、六星黑点豹蠹蛾、芳香木蠹蛾东方亚种、金缘吉丁虫、榆木蠹蛾、青杨脊虎天牛、黄斑星天牛。
地下害虫：	铜绿丽金龟、棕色鳃金龟、四纹丽金龟、苹毛丽金龟、华北蝼蛄、小地老虎。

	病害：	苗木猝倒病、树木煤污病。
枣树：	食叶害虫：	扁刺蛾、褐边绿刺蛾、黄刺蛾、枣尺蛾、枣刺蛾、大造桥虫。
	刺吸害虫：	日本龟蜡蚧、瘤坚大球蚧、蚱蝉。
	蛀干害虫：	六星黑点豹蠹蛾、薄翅天牛。
矮牵牛：	病害：	病毒病。
白三叶：	食叶害虫：	稀点雪灯蛾。
草坪植物：	刺吸害虫：	麦岩螨。
	食叶害虫：	黏虫、淡剑夜蛾。
	地下害虫：	毛黄鳃金龟、棕色鳃金龟、大地老虎、小地老虎。
	病害：	白三叶白粉病、早熟禾腐霉枯萎病、草坪叶黑粉病、草坪锈病。
翠菊：	食叶害虫：	银纹夜蛾。
大花秋葵：	食叶害虫：	棉铃虫。
大花美人蕉：	食叶害虫：	大蓑蛾、小蓑蛾、棉铃虫、葡萄十星叶甲、白星花金龟、小青花金龟。
	刺吸害虫：	棉蚜、桃蚜。
	地下害虫：	四纹丽金龟。
大丽花：	食叶害虫：	棉铃虫、银纹夜蛾、白星花金龟、小青花金龟、无斑弧丽金龟。
	刺吸害虫：	桃蚜、棉蚜、草履蚧、温室白粉虱、朱砂叶螨。
	地下害虫：	小云斑鳃金龟、小青花金龟、小地老虎。
	病害：	牡丹根结线虫病。
瓜叶菊：	病害：	牡丹根结线虫病。
荷兰菊：	刺吸害虫：	菊小长管蚜。
	病害：	白粉病。
菊花：	食叶害虫：	银纹夜蛾、红天蛾、大蓑蛾、黄刺蛾、扁刺蛾、大造桥虫、小青花金龟、无斑弧丽金龟、棉铃虫。
	刺吸害虫：	温室白粉虱、菊小长管蚜、桃蚜、棉蚜、日本龟蜡蚧、斑须蝽、朱砂叶螨。
	地下害虫：	大地老虎、小地老虎、铜绿丽金龟、小云斑鳃金龟。
	病害：	菊花褐斑病、菊花 B 病毒、中国菟丝子。

芦苇： 刺吸害虫： 桃粉大尾蚜。

美人蕉： 食叶害虫： 大蓑蛾、小蓑蛾、葡萄十星叶甲、棉铃虫

刺吸害虫： 朱砂叶螨。

地下害虫： 小地老虎。

蜀葵： 食叶害虫： 棉大卷叶螟、角斑古毒蛾。

刺吸害虫： 棉蚜、桃蚜、茶翅蝽、朱砂叶螨。

地下害虫： 四纹丽金龟、小地老虎、无斑弧丽金龟。

唐菖蒲： 病害： 紫荆枯萎病。

万寿菊： 食叶害虫： 棉铃虫。

刺吸害虫： 温室白粉虱。

地下害虫： 小地老虎。

一串红： 食叶害虫： 银纹夜蛾、大造桥虫、棉大卷叶螟、棉铃虫。

刺吸害虫： 温室白粉虱、桃蚜、朱砂叶螨。

地下害虫： 小地老虎。

病害： 牡丹根结线虫病、中国菟丝子。

碧桃： 食叶害虫： 大蓑蛾、白眉刺蛾、桑褐刺蛾、木橑尺蛾、梨剑纹夜蛾、桃潜叶蛾、盗毒蛾、黄褐天幕毛虫。

刺吸害虫： 桃蚜、桃粉大尾蚜、梨冠网蝽、桑白盾蚧、小绿叶蝉、柳瘤蚜、桃球蚜、槐坚蚧、日本龟蜡蚧、山楂叶螨。

蛀干害虫： 桃红颈天牛。

病害： 月季根癌病、桃树流胶病、桃缩叶病。

垂丝海棠： 食叶害虫： 大蓑蛾、褐边绿刺蛾、黄刺蛾、桑褐刺蛾、扁刺蛾、杨枯叶蛾、银纹夜蛾、梨叶斑蛾、舞毒蛾、苹掌舟蛾、黄褐天幕毛虫。

刺吸害虫： 桑白盾蚧、日本龟蜡蚧、草履蚧、绣线菊蚜、棉蚜、蟪蛄、蚱蝉、茶翅蝽、梨冠网蝽、朱砂叶螨。

蛀干害虫： 桑天牛、薄翅天牛、桃红颈天牛、光肩星天牛、六星黑点豹蠹蛾。

地下害虫： 铜绿丽金龟。

病害： 海棠腐烂病。

丁香： 食叶害虫： 棉大卷叶螟、霜天蛾、女贞尺蛾、褐边绿刺蛾、大蓑蛾、樗蚕蛾、梨剑纹夜蛾。

	刺吸害虫：	考氏白盾蚧、茶翅蝽、温室白粉虱、桑白盾蚧、丁香蓟马、黑龙江粒粉蚧、卫矛矢尖盾蚧、朱砂叶螨。
	蛀干害虫：	小线角木蠹蛾、芳香木蠹蛾东方亚种、榆木蠹蛾。
	地下害虫：	苹毛丽金龟、小青花金龟、铜绿丽金龟、白星花金龟、小地老虎。
	病害：	丁香黑斑病、树木煤污病、丁香细菌性疫病、日本菟丝子。
海棠：	食叶害虫：	盗毒蛾、角斑古毒蛾、大蓑蛾、黄刺蛾、桑褐刺蛾、棉大卷叶螟、黄褐天幕毛虫、杨枯叶蛾、小青花金龟、槐羽舟蛾、苹掌舟蛾、金纹细蛾、美国白蛾、梨叶斑蛾、苹毛丽金龟、白星花金龟、榆绿叶甲。
	刺吸害虫：	蚱蝉、斑衣蜡蝉、草履蚧、桃球蚧、槐花球蚧、白蜡绵粉蚧、沙里院褐球蚧、日本龟蜡蚧、绣线菊蚜、桃蚜、梨冠网蝽、茶翅蝽、山楂叶螨、朱砂叶螨。
	蛀干害虫：	六星吉丁虫、桑天牛、双齿长蠹、六星黑点豹蠹蛾。
	地下害虫：	铜绿丽金龟、白星花金龟。
	病害：	苹—桧锈病、月季根癌病、海棠腐烂病。
红叶李：	食叶害虫：	大蓑蛾、黄刺蛾、盗毒蛾、枯叶夜蛾。
	刺吸害虫：	绣线菊蚜、桃粉大尾蚜、桃蚜、蚱蝉、槐坚蚧、沙里院褐球蚧。
黄刺玫：	食叶害虫：	黄刺蛾、蔷薇叶蜂、小青花金龟、黄褐天幕毛虫。
	刺吸害虫：	桑白盾蚧、蔷薇白轮盾蚧、月季长管蚜、月季白轮盾蚧。
	病害：	月季白粉病、月季黑斑病、中国菟丝子。
锦带花：	食叶害虫：	舞毒蛾、黄褐天幕毛虫、红天蛾。
金银木：	食叶害虫：	白钩蛱蝶、霜天蛾、美国白蛾、桑刺尺蛾。
	刺吸害虫：	金银木蚜虫、槐坚蚧。
	蛀干害虫：	六星黑点豹蠹蛾。
蜡梅：	食叶害虫：	大蓑蛾、银纹夜蛾、梨剑纹夜蛾、黄刺蛾、桑褐刺蛾、人纹污灯蛾。

	刺吸害虫：	日本龟蜡蚧、草履蚧、温室白粉虱、蚱蝉、朱砂叶螨。
连翘：	刺吸害虫：	蚱蝉、矢尖盾蚧。
玫瑰：	食叶害虫：	柳蓝叶甲、蔷薇叶蜂、黄刺蛾、石榴巾夜蛾、梨剑纹夜蛾、黄褐天幕毛虫。
	刺吸害虫：	棉蚜、桃瘤蚜、桃蚜、槐坚蚧、瘤坚大球蚧、槐花球蚧、蔷薇白轮盾蚧、日本龟蜡蚧、月季白轮盾蚧、山楂叶螨。
	蛀干害虫：	玫瑰茎蜂。
	病害：	月季根癌病、月季白粉病、月季黑斑病、中国菟丝子。
牡丹：	食叶害虫：	大蓑蛾、小蓑蛾、扁刺蛾、桑褐刺蛾、黄刺蛾、葡萄十星叶甲。
	刺吸害虫：	桃蚜、棉蚜、日本龟蜡蚧、温室白粉虱、矢尖盾蚧、山楂叶螨、朱砂叶螨。
	地下害虫：	小云斑鳃金龟、苹毛丽金龟、小青花金龟、小地老虎。
	病害：	牡丹红斑病、牡丹根结线虫病。
木槿：	食叶害虫：	棉大卷叶螟、大蓑蛾、樗蚕蛾、黄刺蛾、桑褐刺蛾、枯叶夜蛾、梨剑纹夜蛾、棉铃虫、大造桥虫、小青花金龟、白星花金龟。
	刺吸害虫：	棉蚜、蚱蝉、桃蚜、槐坚蚧、桑白盾蚧、朱砂叶螨、山楂叶螨。
	地下害虫：	白星花金龟。
	病害：	树木煤污病、日本菟丝子、中国菟丝子。
贴梗海棠：	食叶害虫：	大蓑蛾、苹掌舟蛾、舞毒蛾、黄刺蛾、白眉刺蛾、樗蚕蛾、黄褐天幕毛虫、棕色鳃金龟。
	刺吸害虫：	日本龟蜡蚧、紫薇绒蚧、绣线菊蚜、梨冠网蝽、蚱蝉、山楂叶螨。
西府海棠：	食叶害虫：	美国白蛾、梨叶斑蛾。
	刺吸害虫：	草履蚧、白蜡绵粉蚧、绣线菊蚜、梨冠网蝽、沙里院褐球蚧、山楂叶螨。
	蛀干害虫：	六星黑点豹蠹蛾。

	病害:	海棠腐烂病。
绣线菊:	食叶害虫:	大红蛱蝶。
	刺吸害虫:	绣线菊蚜。
樱花:	食叶害虫:	梨叶斑蛾、苹掌舟蛾、黄褐天幕毛虫、大蓑蛾、褐边绿刺蛾、桑褐刺蛾、扁刺蛾、枣刺蛾、双齿绿刺蛾、白眉刺蛾、黄刺蛾、榆掌舟蛾、桃潜叶蛾、苹毛丽金龟。
	刺吸害虫:	蟪蛄、蚱蝉、斑衣蜡蝉、小绿叶蝉、梨冠网蝽、绣线菊蚜、桃粉大尾蚜、桃蚜、柳瘤蚜、桑白盾蚧、草履蚧、槐坚蚧、矢尖盾蚧、山楂叶螨、朱砂叶螨。
	蛀干害虫:	桃红颈天牛、桑天牛、光肩星天牛、小线角木蠹蛾、六星黑点豹蠹蛾。
	地下害虫:	铜绿丽金龟、小青花金龟。
	病害:	樱花褐斑穿孔病、月季根癌病、桃树流胶病。
玉兰:	食叶害虫:	桑褐刺蛾、大蓑蛾、角斑古毒蛾、樗蚕蛾。
	刺吸害虫:	蚱蝉、日本龟蜡蚧、考氏白盾蚧、瘤坚大球蚧、月季白轮盾蚧、桃蚜、朱砂叶螨。
	病害:	树木煤污病。
榆叶梅:	食叶害虫:	舞毒蛾、黄刺蛾、褐边绿刺蛾、白眉刺蛾、大蓑蛾、黄褐天幕毛虫、梨叶斑蛾、苹掌舟蛾、梨剑纹夜蛾、榆绿叶甲。
	刺吸害虫:	斑衣蜡蝉、蟪蛄、桃粉大尾蚜、棉蚜、桃瘤蚜、桃蚜、绣线菊蚜、黑龙江粒粉蚧、桑白盾蚧、山楂叶螨。
	蛀干害虫:	桃红颈天牛、红缘天牛。
	病害:	樱花褐斑穿孔病、白纹羽病、日本菟丝子。
月季:	食叶害虫:	黄刺蛾、桑褐刺蛾、褐边绿刺蛾、扁刺蛾、榆毒蛾、角斑古毒蛾、银纹夜蛾、大造桥虫、棉铃虫、大蓑蛾、小蓑蛾、人纹污灯蛾、木橑尺蛾、石榴巾夜蛾、梨剑纹夜蛾、白眉刺蛾、黄褐天幕毛虫、四纹丽金龟、苹毛丽金龟、无斑弧丽金龟、小青花金龟、蔷薇叶蜂。
	刺吸害虫:	桃蚜、棉蚜、月季长管蚜、绣线菊蚜、月季白轮盾蚧、

日本龟蜡蚧、新刺轮盾蚧、桑白盾蚧、蔷薇白轮盾蚧、草履蚧、斑须蝽、茶翅蝽、梨冠网蝽、小绿叶蝉、温室白粉虱、朱砂叶螨。

	蛀干害虫:	玫瑰茎蜂。
	地下害虫:	大地老虎、小地老虎、四纹丽金龟、小青花金龟、白星花金龟、铜绿丽金龟、棕色鳃金龟、无斑弧丽金龟、华北蝼蛄。
	病害:	月季花叶病毒病、月季黑斑病、月季根癌病、月季白粉病、中国菟丝子。
珍珠梅:	食叶害虫:	棕色鳃金龟、小青花金龟、双齿绿刺蛾、黄刺蛾。
	刺吸害虫:	桑白盾蚧、黑龙江粒粉蚧。
紫荆:	食叶害虫:	大蓑蛾、小蓑蛾、黄刺蛾、褐边绿刺蛾、桑褐刺蛾、石榴巾夜蛾、白眉刺蛾。
	刺吸害虫:	日本龟蜡蚧、桑白盾蚧。
	蛀干害虫:	桑天牛、双齿长蠹。
	病害:	紫荆枯萎病、紫荆角斑病、树木煤污病。
紫叶李:	食叶害虫:	大蓑蛾、小蓑蛾、黄刺蛾、桑褐刺蛾、枯叶夜蛾、桃潜叶蛾。
	刺吸害虫:	斑衣蜡蝉、桃粉大尾蚜、沙里院褐球蚧、草履蚧。
	蛀干害虫:	桃红颈天牛。
	病害:	桃树流胶病。
紫叶小檗:	钻蛀害虫:	六星黑点豹蠹蛾。
紫薇:	食叶害虫:	大蓑蛾、小蓑蛾、黄刺蛾、扁刺蛾、桑褐刺蛾、褐边绿刺蛾、樗蚕蛾、槐羽舟蛾、石榴巾夜蛾、小青花金龟、四纹丽金龟。
	刺吸害虫:	矢尖盾蚧、桑白盾蚧、日本龟蜡蚧、紫薇绒蚧、紫薇长斑蚜、桃蚜、斑衣蜡蝉。
	蛀干害虫:	小线角木蠹蛾、桑天牛、云斑天牛、双齿长蠹。
	地下害虫:	四纹丽金龟、无斑弧丽金龟。
	病害:	紫薇白粉病、树木煤污病。
扶芳藤:	食叶害虫:	丝棉木金星尺蛾。
美国地锦:	食叶害虫:	葡萄天蛾、霜天蛾、葡萄十星叶甲、葡萄虎蛾、

红天蛾。

刺吸害虫: 斑衣蜡蝉。

病害: 葡萄白粉病。

爬山虎: 食叶害虫: 葡萄十星叶甲、葡萄天蛾、葡萄虎蛾。

刺吸害虫: 斑衣蜡蝉。

藤本蔷薇: 食叶害虫: 大蓑蛾、黄刺蛾、黄褐天幕毛虫、石榴巾夜蛾、葡萄虎蛾、葡萄十星叶甲、蔷薇叶蜂。

刺吸害虫: 绣线菊蚜、桃粉大尾蚜、柳倭蚜、黑龙江粒粉蚧、槐花球蚧、月季白轮盾蚧、蔷薇白轮盾蚧、温室白粉虱、山楂叶螨。

蛀干害虫: 玫瑰茎蜂。

地下害虫: 华北蝼蛄、小青花金龟、铜绿丽金龟、白星花金龟。

病害: 树木煤污病、月季根癌病、中国菟丝子。

紫藤: 食叶害虫: 葡萄十星叶甲、葡萄虎蛾。

蛀干害虫: 双齿长蠹。

地下害虫: 棕色鳃金龟。

病害: 紫荆角斑病、紫藤白粉病、树木煤污病。

8 常用农药简介

8.1 杀菌剂

农药基本信息 1

农药名称	40%的细菌快猎克	类型	高效低毒杀菌剂
剂型	40%的细菌快猎克	防治对象	细菌性角斑病、细菌性斑疹病、黑斑病、软腐病、葡萄霜霉病等病害。
使用方法	45～60g/667m^{2}进行叶面喷施,连续施药 2～3 次。	作用特点注意事项	药物能迅速吸至植物体内,杀死侵入植物体内的病原体,同时植物表面形成一层保护膜,阻止外菌的侵入,从而达到治疗和预防的双重作用。

农药基本信息 2

农药名称	草病灵 4 号	类型	广谱杀菌剂
剂型	50% 可湿性粉剂	防治对象	对草坪主要病害丝核菌、腐霉枯萎病、镰刀枯萎病和夏季斑病,兼治叶斑病。
使用方法	拌种、喷雾和灌根。	作用特点注意事项	抑制多种病原真菌,如丝核菌、腐霉菌和镰刀菌等。

农药基本信息 3

农药名称	腐霉净	类型	专性环保防治产品
剂型	氟代丙氨酸、咪唑酮、渗透增效剂，有效物含量27%	防治对象	腐霉病和腐霉枯萎等病害
使用方法		作用特点注意事项	有效成分可通过根、茎、叶快速吸收，在组织内传导性好，提前用药可保持草株组织内有效杀菌药物浓度，对腐霉病具有防治速度快、不易产生抗药性(作用点位多)、预防和治疗效果明显等特点。

农药基本信息 4

农药名称	金雷多米尔	类型	杀菌剂
主要成分	从甜菜制取的粗糖中生产出的更新一代高效防治卵菌纲病害的专业杀菌剂metalaxyl-M（精甲霜灵）、mancozeb（代森锰锌）。	防治对象	金雷多米尔锰锌是含metalaxyl-M（精甲霜灵）高效活性异构体的高科技产品，专用于防治卵菌纲引起的霜霉病、疫病及黑胫病等，兼具保护和治疗活性的杀菌剂。
使用方法	发病初期用药。将药剂用足量清水稀释后，叶面均匀喷雾。	作用特点注意事项	金雷多米尔通过抑制菌丝的生长和孢子的形成从而有效地防止病害的发生。金雷多米尔拥有极强的内吸性能，能快速地被作物的根、茎叶等绿色部分吸收，及时防治已侵入作物体内的病菌，同时对新生叶片也表现出理想的保护作用。

农药基本信息 5

农药名称	夏斑净	类型	专性环保型防治产品
剂型	氟烷基乙基丙氨酸、氯苯嘧啶醇、渗透增效剂。有效物含量 25%。	防治对象	冷季型草、冷暖混播型草、暖季型草夏季斑病，坏死环斑病等。
使用方法	兑水稀释 400～800倍，叶面喷洒或局部区域泼浇，喷洒量为稀释液 200～300ml/m²。	作用特点注意事项	无毒无害无异味，对空气、土壤无污染，对人体无危害，绿色环保。

农药基本信息 6

农药名称	硫酸铜 $CuSO_4$	类型	为天蓝色或略带黄色粒状晶体，水溶液呈酸性，属保护性无机杀菌剂,对人畜比较安全。
剂型	一般为五水合物 $CuSO_4 \cdot 5H_2O$，俗名胆矾；蓝色斜方晶体；密度 $2.284g/cm^3$。	防治对象	防治病害
使用方法	自配制波尔多液	作用特点注意事项	硫酸铜是制备其他铜化合物的重要原料。同石灰乳混合可得"波尔多"溶液，用作杀虫剂。硫酸铜也是电解精炼铜时的电解液。

农药基本信息 7

农药名称	百菌清	类型	杀菌范围广,有预防治疗作用,药效稳定,残效长,耐雨水冲刷。
剂型	75%可湿性粉剂	防治对象	黑斑病、斑枯病、褐斑病、白粉病、灰斑病。
使用方法	600～1000 倍液喷雾	作用特点注意事项	桃、梅浓度高时易生药害；对皮肤、黏膜有刺激作用；不能与强碱药物混用；防止鱼中毒。

农药基本信息 8

农药名称	波尔多液	类型	无机杀菌剂、保护剂、黏着力强，可形成药膜，一直病菌侵入植物体，安全，药效持久。
剂型	石灰：硫酸铜：水：石灰倍量式=1:0.5:100~200；石灰等量式1:1:100~200；石灰半量式1:2:100~200。	防治对象	炭疽病、叶斑病、叶枯病、白粉病、霜霉病、轮纹病、灰斑病、黑斑病、锈病。
使用方法	喷雾法，人工自行配置，采用两液法或稀铜浓石灰法。配好的波尔多液，为天蓝色胶状悬浮剂。	作用特点注意事项	药剂按配置药要求，随配随用，不能与石硫合剂、石油乳液等混用；宜在晴天施药，否则易生药害。

农药基本信息 9

农药名称	多菌灵	类型	广谱内吸杀菌剂，具有保护和治疗作用；对植物安全。
剂型	50%、25%、10%可湿性粉剂。	防治对象	叶斑病、斑枯病、白粉病、灰斑病、炭疽病、茎腐病、立枯病。
使用方法	50%多菌灵，用500~1000倍液喷雾。	作用特点注意事项	对人皮肤、眼睛有一定刺激作用，注意安全使用；不与碱性药剂混用。

农药基本信息 10

农药名称	粉锈宁	类型	具有保护、治疗、熏蒸作用的内吸杀菌剂。
剂型	15%、25%可湿性粉剂，20%乳油。	防治对象	对白粉病、锈病特效。
使用方法	15%粉锈宁用1000~1500倍液，25%粉锈宁用2000~3000倍液。	作用特点注意事项	发病初期均匀喷药；使用时注意安全。

农药基本信息 11

农药名称	甲基托布津	类型	药效比托布津高30%～50%。
剂型	70%可湿性粉剂，50%可湿性粉剂	防治对象	叶斑病、白粉病、叶枯病、菌核病、灰霉病、煤污病、锈病、炭疽病。
使用方法	70%甲基托布津用700～1500倍液	作用特点注意事项	发病初期均匀喷药；使用时注意安全。

农药基本信息 12

农药名称	硫悬浮剂	类型	无机硫杀菌剂
剂型	50%胶悬剂	防治对象	白粉病、炭疽病、红蜘蛛
使用方法	150～300倍液喷洒，300～400倍液喷雾	作用特点注意事项	为提高药效，连续喷洒2次以上。

农药基本信息 13

农药名称	石硫合剂	类型	无机杀螨、杀虫、杀菌剂
主要成分	多硫化钙，硫代硫酸钙	防治对象	介壳虫、叶螨、锈螨、白粉病、腐烂病、溃疡病。
使用方法	休眠期3～5度（波美），生长期0.1～0.5度（波美）	作用特点注意事项	严格注意稀释浓度，避免产生药害；对桃、李、梅、梨及部分豆科、瓜类，易生药害；不能与波尔多液、石油乳剂、松脂合剂、砷制剂混合；对人的皮肤、眼睛有害，注意防护。

8.2 营养剂

农药基本信息 14

农药名称	壮根抗病生物养护制剂	类型	草坪生物养护产品
主要成分	鲜牛粪提取物、生物代谢酶等。	防治对象	冷季型草、冷暖混播型草、暖季型草等。
使用方法	在每年的早春、早夏、早秋、晚秋和初冬 5 个时期，以及草坪因发病长势弱、营养吸收不良时施用本品。兑水稀释 500～800 倍，叶面喷洒，喷洒量为稀释后药液 150～200ml/m²，本品 1000ml 喷洒面积约 4000m²。	作用特点注意事项	促进植株根部细胞代谢，刺激根部营养吸收，增强草坪光合作用，促进叶绿素的合成，减少叶片枯黄。其通过改善营养与机体抗逆酶活力来提高草坪植株自身对病害的抵抗能力，加速受损植株的恢复，提高草坪的耐践踏能力。

农药基本信息 15

农药名称	康凯	类型	纯天然高科技生物产品
主要成分	植物内源激素和黄酮类、氨基酸类等多种植物活性物质	防治对象	对白粉病、锈病特效
使用方法	5000～8000 倍	作用特点注意事项	打破休眠，促进生根发芽，活化细胞，促进细胞分裂和新陈代谢，增加叶绿素。

8.3 杀螨类

农药基本信息 16

农药名称	阿维菌素	类型	杀螨剂
主要成分	阿维菌素+优质进口增效助剂	防治对象	防治作物：棉花、果树、蔬菜、水稻、花生、大豆。防治对象：红、白、黄蜘蛛，棉铃虫，菜青虫，小菜蛾，梨木虱，美洲斑潜蝇，锈壁虱。
使用方法	稀释6000～8000倍均匀喷雾	作用特点注意事项	胃毒、触杀，渗透。不能与碱性药剂混用，与有机磷、拟菊酯类和氨基甲酚酯类药剂无交互抗性。

农药基本信息 17

农药名称	20%三唑锡 azocyclotin	类型	中等毒性杀螨剂
剂型	可湿性粉剂	防治对象	螨类
使用方法	1000～2000倍均匀喷雾	作用特点注意事项	为触杀作用强的广谱杀螨剂，可杀灭若螨、成螨和夏卵，对冬卵无效。对光稳定，残效期长，对作物安全。无致畸、致癌、致突变作用，对鱼毒性高，对蜜蜂毒性低。

农药基本信息 18

农药名称	12%中保杀螨	类型	新型速效安全杀螨剂
剂型		防治对象	螨虫
使用方法	叶面喷施 2000～4000倍	作用特点注意事项	1. 击倒速度快，持效期长。 2. 对各种叶螨有特效，能延缓害虫产生抗性。 3. 对其他果树害虫有良好的兼治作用。

农药基本信息 *19*

农药名称	决螨	类型	新型杀螨剂
剂型	乳油	防治对象	螨虫
使用方法	2000～3000 倍叶面喷施	作用特点注意事项	触杀、胃毒、内收的作用

农药基本信息 *20*

农药名称	虫螨克星	类型	生物新型杀螨剂
剂型	乳油	防治对象	梨木虱、红（白）蜘蛛、锈壁虱、美洲斑潜蝇、甜菜夜蛾、小菜蛾、菜青虫、棉铃虫、茶黄螨。
使用方法	2000～3000 倍叶面喷施	作用特点注意事项	1. 超高含量，强力穿透害虫体壁，迅速解除害虫抗源，是目前针对抗性害虫使用最广泛的药剂。 2. 具有强劲触杀、胃毒及高渗作用，药效迅速，彻底铲除害虫。 适用作物：梨树、苹果、柑橘、蔬菜、棉花。

农药基本信息 *21*

农药名称	1.2% 烟碱·苦参碱乳油	类型	乳油
剂型	中草药	防治对象	主要防治菜青虫、蚜虫、红蜘蛛等。
使用方法	8000～1000 倍	作用特点注意事项	是以中草药为主要原料研制而成的植物源杀虫剂。该产品对害虫具有强烈的触杀、胃毒和一定的熏蒸作用，对鳞翅目、鞘翅目、同翅目、半翅目、直翅目等害虫有良好的防治效果，而且，用药后对作物安全，无药害产生。

农药基本信息 *22*

农药名称	浏阳霉素	类型	触杀
剂型	10%速效乳油	防治对象	跗线螨等各种叶螨
使用方法	1000～2000 倍液喷雾	作用特点注意事项	不与碱性药剂混用，使用此药气温不低于 15℃。

8.4 杀虫剂

农药基本信息 *23*

农药名称	蜗克星	类型	低毒、无药害、引诱力强。
剂型	可湿性粉剂	防治对象	诱集和杀死蜗牛、蛞蝓等软体害虫。
使用方法	发芽及生长期每亩用 250～500g 蜗克星均匀撒施或分片撒施（片间 30～50cm）于裸地表面或作物根际周围，使蜗牛、蛞蝓触药而死。	作用特点注意事项	防治蜗牛、蛞蝓的虫害。 在施药时，最好选择在日落到天黑前施药，雨后转晴的傍晚施药效果最佳。土温在 13～28℃ 用药较佳，低于 13℃ 或高于 28℃ 药效会有影响。施药后如遇大雨冲洗，需雨后再补充撒施药粒。

农药基本信息 *24*

农药名称	菊杀乳油	类型	杀虫谱广
剂型	乳油	防治对象	对同翅目、直翅目、半翅目等害虫
使用方法	于虫卵孵盛期，卵果率达 1% 时，用 20% 乳油 2000～4000 倍液喷雾，可同时有一定杀卵作用，残效期 10 天左右，施药次数 2～3 次，可兼治苹果蚜、桃蚜、梨星毛虫、卷叶虫等叶面害虫。	作用特点注意事项	1. 对天敌无选择性，以触杀和胃毒作用为主，无内吸传导和熏蒸作用。 2. 施药要均匀周到，方能有效控制害虫、对天敌毒性高，所以要配合使用杀螨剂。 3. 使用时尽可能轮用、混用。 4. 对蜜蜂、鱼虾、家蚕等毒性高，使用时注意不要污染河流、池塘、桑园、养蜂场所。 5. 不要与碱性农药等物质混用。

农药基本信息 25

农药名称	吡虫啉	类型	烟碱类超高效杀虫剂
主要成分	1-(6-氯吡啶-3-吡啶基甲基)-N-硝基亚咪唑烷-2-基胺	防治对象	主要用于防治水稻、小麦、棉花等作物上的刺吸式口器害虫，如蚜虫、叶蝉、蓟马、白粉虱及马铃薯甲虫和麦秆蝇等。
使用方法	剂型 2.1%胶饵，2.5%和10%可湿性粉剂，5%乳油，20%浓可溶性粉剂。	作用特点注意事项	吡虫啉具有广谱、高效、低毒、低残留，害虫不易产生抗性，对人、畜、植物和天敌安全等特点，并有触杀、胃毒和内吸等多重作用。害虫接触药剂后，中枢神经正常传导受阻，使其麻痹死亡。产品速效性好，药后1天即有较高的防效，残留期长达25天左右。药效和温度呈正相关，温度高，杀虫效果好。主要用于防治刺吸式口器害虫。

农药基本信息 26

农药名称	除虫脲	类型	内吸性杀虫剂
剂型	1-(4-氯苯基)-3-(2,6-二氟苯甲酰基)脲除虫脲原药	防治对象	对鳞翅目、鞘翅目和双翅目害虫有特效。
使用方法	10000 倍喷施	作用特点注意事项	烟酸乙酰胆碱酯酶受体的作用体，用于防治刺吸式口器害虫。

农药基本信息 27

农药名称	高效氯氰菊酯（beta-cypermethrin）	类型	菊酯类杀虫剂
主要成分	两对外消旋体混合物	针对情况	适用于防治棉花、蔬菜、果树、茶树、森林等多种植物上的害虫及卫生害虫。
使用方法	2000~4000 倍均匀喷雾	作用特点注意事项	一种拟除虫，生物活性较高，是氯氰菊酯的高效异构体，具有触杀和胃毒作用。杀虫谱广、击倒速度快，杀虫活性较氯氰菊酯高。

农药基本信息 28

农药名称	蚧 休	类型	广谱的有机磷杀虫剂。
剂型	每千克本品含methidathion(高渗杀扑磷)共160克。	防治对象	抗性介壳虫有显著防效，能很快溶解害虫表皮蜡质，使药剂能与害虫充分直接接触，增快杀虫速度和杀虫效果，持效期长达20天以上。
使用方法	药量106.6～160mg/kg（1000～2000倍），均匀喷雾，抗性严重的地方可适当加大用药量，可连续多次使用，若虫期喷药更佳。	作用特点注意事项	1. 快速触杀、强烈胃毒和高效渗透三大组合作用，能渗入植物组织内，对咀嚼式和刺吸式口器害虫均有杀灭效力。 2. 本品宜在矢尖蚧若虫期喷药，不与碱性农药混用，如一定要混用必须现混现用。 3. 对核果类果树应避免在花期后施药。由于药效强劲，使用浓度过高可能会引起果树叶片起褐色叶斑。

农药基本信息 29

农药名称	奥力克	类型	环保型新型杀虫剂，无毒无害
剂型	BT菌、甲氨基菌素、烟碱、增效渗透剂，30%。	防治对象	蛴螬、蝼蛄、金针虫、地老虎地下害虫。
使用方法	重度350～550倍轻度700～800倍灌根。	作用特点注意事项	1. 快速触杀、强烈胃毒和高效渗透三大组合作用，能渗入植物组织内，对咀嚼式和刺吸式口器害虫均有杀灭效力。 2. 本品宜在矢尖蚧若虫期喷药，不与碱性农药混用，如一定要混用必须现混现用。 3. 对核果类果树应避免在花期后施药。由于药效强劲，使用浓度过高可能会引起果树叶片起褐色叶斑。

农药基本信息 *30*

农药名称	地虫净	类型	环保型新型杀虫剂,无毒无害。
剂型	BT 菌粉、甲氨基菌素、烟碱、增效渗透剂,6%。	防治对象	蛴螬、蝼蛄、金针虫、地老虎地下害虫。
使用方法	$5\sim10g/m^2$ 灌根。	作用特点注意事项	1. 快速触杀、强烈胃毒和高效渗透三大组合作用,能渗入植物组织内,对咀嚼式和刺吸式口器害虫均有杀灭效力。 2. 本品宜在矢尖蚧若虫期喷药,不与碱性农药混用,如一定要混用必须现混现用。 3. 对核果类果树应避免在花期后施药。由于药效强劲,使用浓度过高可能会引起果树叶片起褐色叶斑。

农药基本信息 *31*

农药名称	西维因粉剂 Sevin powder	类型	白色晶状固体,原药略带灰色或粉红色;胃毒,低毒,光谱杀虫剂。
主要成分	分子式:$C_{12}H_{11}NO_2$ 有害物成分 CAS	防治对象	用作杀虫剂介壳虫。
使用方法	$8000\sim1000$ 倍	作用特点注意事项	触杀、胃毒,广谱杀虫剂。对人安全,无积累作用。不与碱性药剂混用,可食植物采收前 7 天停用。对瓜类花卉敏感,不宜使用。对蜜蜂有毒,花期停用。

农药基本信息 *32*

农药名称	烟白素	类型	触杀作用,神经毒剂,植物杀虫剂。
剂型	1.1%乳油	防治对象	食叶害虫、蚜虫、红蜘蛛、白粉虱、蚧虫、蓟马。
使用方法	$1000\sim2000$ 倍液喷雾	作用特点注意事项	不能与酸、碱性药物混用;喷药时间再下午 5 时后为宜,避免强光照射;对鱼、蜜蜂有毒;易燃,严禁暴露贮存。

农药基本信息 33

农药名称	烟参碱	类型	触杀、胃毒作用，并有熏蒸作用。以中草药为主要原材料研制的植物杀虫剂。
剂型	1.2%乳油	防治对象	蚜虫、食叶害虫、白粉虱。
使用方法	1000～2000 倍液喷雾	作用特点注意事项	避光阴凉存放；对眼睛有轻微刺激，使用时注意防护；配药时先将药液摇匀；喷药在上午 8～10 时、下午 4 时以后为宜。

8.5 杀线虫剂

农药基本信息 34

农药名称	线虫必克	类型	分生孢子菌丝寄生。
剂型	粉粒剂	防治对象	根结线虫、菊花叶线虫、草坪线虫。
使用方法	每亩使用 2.5 亿孢子 /g 1.5～2kg	作用特点注意事项	不能与其他杀菌剂混用详读使用说明。

8.6 抗生素

农药基本信息 35

农药名称	井冈霉素	类型	抑制菌丝，有内吸性，可抑制病菌产生孢子和病斑扩大。
剂型	1%、3%、5%水剂；1%、3%、15%、20% 可溶性粉剂	防治对象	缩叶病、叶斑病。
使用方法	100×10 液	作用特点注意事项	对植物、蜜蜂、鱼安全；药剂产品含量、规格各异，注意计算稀释量；可与各种杀虫杀菌剂混用；贮存时易被杂菌污染，应保存在密封干燥处。

附录 1：石硫合剂的配置与使用

石硫合剂是园林养护中常用的一种植物保护药剂。

一、石硫合剂的性质和功用

石硫合剂有强碱性、腐蚀性，其有效成分是多硫化钙 ($CaSx$)。石硫合剂具有强烈的臭鸡蛋气味，性质不稳定，易被空气中的氧气、二氧化碳分解。一般来说，石硫合剂不耐长期贮存。石硫合剂具有杀虫、杀螨、杀菌作用，可以防治树木花卉上的红蜘蛛、介壳虫、锈病、白粉病、腐烂病及溃疡病等；此外，施后分解产生的硫黄细粒，对植物病害有良好的防治作用。

二、石硫合剂配制方法和步骤

石硫合剂是用生石灰、硫黄粉熬制而成的红褐色透明液体。熬制石硫合剂的方法如下：

配方与选料：按照生石灰 1 份、硫黄粉 2 份、水 10 份的比例配制，生石灰最好选用较纯净的白色块状灰，硫黄以粉状为宜。

1. 把硫黄粉先用少量水调成糊状的硫黄浆，搅拌越匀越好。
2. 把生石灰放入铁桶中，用少量水将其溶解开（水过多漫过石灰块时石灰溶解反而更慢），调成糊状，倒入铁锅中并加足水量，然后用火加热。
3. 在石灰乳接近沸腾时，把事先调好的硫黄浆自锅边缓缓倒入锅中，边倒边搅拌，并记下水位线。在加热过程中防止溅出的液体烫伤眼睛。
4. 然后强火煮沸 40～60 分钟，待药液熬至红褐色、捞出的渣滓呈黄绿色时停火，其间用热开水补足蒸发的水量至水位线。补足水量应在撤火 15 分钟前进行。
5. 冷却过滤出渣滓，得到红褐色透明的石硫合剂原液，测量并记录原液的浓度（浓度一般为 23～28 波美度），如暂不用可装入带釉的缸或坛中密封保存，也可以使用塑料桶运输和短时间保存。

三、石硫合剂的使用方法

1. 使用浓度要根据植物种类、病虫害对象、气候条件、使用时期不同而定，浓度过大或温度过高易产生药害。树木、花卉休眠期(早春或冬季)喷施一般掌握在 3～5 波美度，生长季节使用浓度为 0.1～0.5 波美度。

2. 使用前必须用波美比重计测量好原液度数，根据所需浓度，计算出加水量加水稀释。每千克石硫合剂原液稀释到目的浓度需加水量的公式：加水量(千克)/每千克原液＝(原液浓度－目的浓度)/目的浓度。

3. 常用方法

   - 喷雾法：喷雾使用可以防治树木花卉上的红蜘蛛、介壳虫、锈病、白粉病等。防治西府海棠白粉病，芽后用 0.3～0.5 波美度喷雾；防治海棠锈病，由于其病原菌以菌丝体形式在针叶树(桧柏、圆柏、龙柏等)寄主体内越冬，因此在春季树木萌芽前，应向针叶树上喷洒 0.5～0.8 波美度石硫合剂以控制病菌的传播和蔓延；防治草坪锈病、玫瑰锈病在生长季节喷施 0.2～0.3 波美度石硫合剂有良好效果；芽后喷施 0.1 波美度的石硫合剂防治山楂红蜘蛛有特效；冬季和早春发芽前喷施 3～5 波美度石硫合剂，能有效防治黄栌白粉病、苹果花腐病和桃、李细菌性穿孔病，杀死越冬的介壳虫若虫、成螨、若螨与螨卵。

   - 涂干法：在休眠期树木修剪后，使用石硫合剂原液涂刷紫薇、石榴树干和主枝，消灭紫薇绒蚧的危害。

   - 伤口处理剂：石硫合剂原液消毒刮治的伤口，可减少有害病菌的侵染，防止腐烂病、溃疡病的发生。

   - 涂白剂：用石硫合剂 0.5kg、生石灰 5kg、食盐 0.5kg、动物油 0.5kg、水 40kg 配制树木涂白剂。在休眠期涂刷树干可防治杨、柳树腐烂病、溃疡病；在天牛产卵期涂刷国槐树干还能有效阻碍天牛在树干上产卵，降低天牛的产卵数量。

四、注意事项

1. 桃、李、梅花、梨等蔷薇科植物和紫荆、合欢等豆科植物对石硫合剂敏感，应慎用。可采取降低浓度或选用安全时期用药以免产生药害。

2. 本药最好随配随用，长期贮存易产生沉淀，挥发出硫化氢气体，从而降低药效。必须贮存时应在石硫合剂液体表面用一层煤油密封。

3. 使用前要充分搅匀，长时间连续使用易产生药害。夏季高温 32℃以上，春季低温 4℃以下时不宜使用。

4. 本药不能与大多数怕碱农药混用，也不能与油乳剂、松脂合剂、铜制剂混用。

附录 2：配制波尔多液

波尔多液（bordeaux mixture）为无机铜素杀菌剂。其有效成分的化学组成是 $CuSO_4 \cdot xCu(OH)_2 \cdot yCa(OH)_2 \cdot zH_2O$。1882 年法国人 A. 米亚尔代于波尔多城发现其杀菌作用，故名。

一、性能与特点

波尔多液是一种保护性的杀菌剂。有效成分为碱式硫酸铜，可有效地阻止孢子发芽，防止病菌侵染，并能促使叶色浓绿、生长健壮，提高树体抗病能力。该制剂具有杀菌谱广、持效期长、病菌不会产生抗性、对人和畜低毒等特点，是应用历史最长的一种杀菌剂。

二、杀菌原因

波尔多液本身并没有杀菌作用，当它喷洒在植物表面时，由于其黏着性而被吸附在作物表面。而植物在新陈代谢过程中会分泌出酸性液体，加上细菌在入侵植物细胞时分泌的酸性物质，使波尔多液中少量的碱式硫酸铜转化为可溶的硫酸铜，从而产生少量铜离子 (Cu^{2+})。Cu 进入病菌细胞后，使细胞中的蛋白质凝固。同时 Cu 还能破坏其细胞中某种酶，因而使细菌体中代谢作用不能正常进行。在这两种作用的影响下，就能使细菌中毒死亡。

三、剂型

配好的液体为天蓝色胶状悬浮液，呈碱性反应，悬浮的碱式硫酸铜微粒不溶于水，放置过久，肯定发生沉淀。硫酸铜是波尔多液组成主要的有效成分，能溶于水，对植物有强烈的药害作用。所以配置波尔多液时，石灰用量越多，对植物越安全，黏着力越好，药效期越持久，杀菌作用越慢，否则作用相反。一般药效期 10～15 天，最长可达 1 个月之久。

不同植物对波尔多液的反应不一样，根据植物种类和杀菌要求不同进行配制。

四、制作过程

要选用青蓝色有光泽的结晶硫酸铜和优质块状生石灰，分别用水溶解，滤掉杂质，按所需要的配合式和浓度，分别各加总水量的一半，配制成硫酸铜液和石灰乳，将二者同时缓慢地倒入另一个容器中，边倒边搅拌，成天蓝色悬浮液即波尔多液。配制容器最好用木桶或缸，不用金属容器。配好药液不能再加水冲淡，要按需要的浓度一次配好、用完。

五、使用方法

波尔多液是园林植物和果树上常用的一种防病保护剂。

配合式	配方比			性状
	硫酸铜	生石灰	水	
石灰半量式	1	0.5	100～200	不污染植物，药效快，黏着力差。
石灰等量式	1	1	100～200	能污染植物，药效慢，对植物安全，黏着力强。
石灰倍量式	1	2	100～200	能污染植物，药效慢，安全无药害，黏着力强。
石灰多量式	1	3～5	100～200	能污染植物，药效慢，安全无药害，黏着力强。

石灰等量式 100～160 倍波尔多液可防治松针枯病、柏树叶凋病、桧柏锈病等；160～240 倍波尔多液可防治褐斑病、松苗立枯病、杨树黑斑病、叶锈病、灰斑病、阔叶树的叶片白粉病及根部紫纹羽病（浸根 30 分钟）、丁香花斑病等病害。

石灰倍量式 200 倍波尔多液可防治梨锈病、黑星病、轮纹病、黑斑病、干枯病及苹果锈病、炭疽病、黑斑病、腐烂病等病害。

石灰半量式 240 倍波尔多液可防治葡萄黑痘病、褐斑病、霜霉病、白腐病等病害。

石灰倍量式波尔多液适用于花卉上各种病害的防治，如白粉病、锈病、霜霉病、褐斑病、轮纹病等病害，但用药液太浓易污染花卉。

石灰多量式波尔多液于春天桧柏锈病病瘿（冬孢子堆）遇雨胀裂前喷射，可抑制病瘿破裂放出病菌。

六、注意事项

1. 不能与肥皂、松脂合剂、石硫合剂、无机氟杀虫剂、油类、乳剂混合使用。
2. 在霜冻季节使用对植物易发生药害。
3. 一般在晴天情况下使用效果较好，阴雨天里易发生药害。
4. 配制波尔多液时，硫酸铜和石灰乳的温度不超过室温，否则易产生沉淀，影响质量。
5. 波尔多液有腐蚀金属作用，用过的喷雾器要及时清洗。
6. 配制容器不能用金属器皿，波尔多液不能用铁桶盛放的原因：波尔多液中含有硫酸铜，铁比铜活泼，能把铜从硫酸铜溶液中置换出来，使波尔多液"变质"反应方程式：$Fe+CuSO_4 = Cu+FeSO_4$
7. 不能先配成浓缩的波尔多液再加水稀释。一次配成的波尔多液是胶悬体，相对比较稳定，若再加水则会形成沉淀或结晶而影响质量，易造成药害。
8. 不能将石灰乳倒入稀硫酸铜中，这样配成的波尔多液极不稳定，易出现沉淀。
9. 不能将浓硫酸铜倒入石灰水中，这样配成的波尔多液不稳定、质量差。

第四部分 施肥技术、草坪养护管理篇

1
施肥技术

1.1 肥料种类

1.1.1 无机肥料

1. **尿素** 是固体氮肥中含氮量最高的肥料。在土壤中移动性大，容易流失。尿素施在土壤中，要经过一段时间转化，一般为 $7 \sim 10$ 天，尿素转化为碳酸氢铵后，植物才能吸收。尿素适于根外追肥，苗木喷洒尿素适宜浓度为 $0.1\% \sim 0.5\%$。

2. **磷酸二铵** 是一种高浓度速效肥料，适用于各种作物和土壤，可作基肥，追肥。含磷 $46\% \sim 50\%$，氮 $14\% \sim 18\%$。基肥使用量约 $37g/m^2$，追肥使用量约 $15g/m^2$。

3. **磷酸二氢钾** 是磷钾复合肥料，白色结晶含磷 53%，钾 34%，易溶于水，速效，呈酸性反应，一般用 0.1% 左右的溶液作根外追肥。如在花蕾形成前喷施，可促进开花，花大色彩鲜艳。

1.1.2 有机肥料

1. **麻渣** 芝麻酱渣做基肥或追肥，含氮量 6.59%，含磷 3.30%，含钾 1.30%，有很高的肥效。

2. **草炭土** 草炭又称泥炭或泥煤，它是一种矿物质不超过 50%（干基计算）的可燃性有机矿物。新鲜草炭颜色呈棕褐色，在自然状态下持水很高，矿化较浅的泥炭，保留有植物残体，呈纤维状，肉眼看出疏松的结构；矿化较深的泥炭呈可塑状。

1.1.3 肥料的等级

按照国际惯例，肥料包装上通常用以短线相连的三个整数表示肥料的等级，第一个数字表示元素氮（N）的百分比，第二个数字表示有效磷（P_2O_5）的百分比，第三个数字表示可溶性钾（K_2O）的百分比，如 20–5–10 肥料表示以重量计算，含 20% N、5% P_2O_5、10% K_2O。

1.2 施肥方式与方法

1.2.1 方式

1. 基肥　又称底肥，是为了满足植物整个生长发育期对养分的要求，结合整地、定植或上盆、换盆时施入的肥料。基肥应多施含有机质多的迟效肥（肥效发挥的缓慢）。一般以有机肥为主。有机肥可以改良土壤结构，提高土壤肥力。
2. 追肥　在植物生长期间施入肥料的方法叫追肥。目的是解决植物不同发育阶段对养分的要求，补充土壤对植物养分的供应。应以施速效性肥料化肥为主。
3. 根外追肥　在植物生长季节，根据生长情况，将配好的营养液喷洒在植物体叶面上，植物叶表皮及气孔将其养分吸收，称为根外追肥。注意：以喷叶背面为好，中午不要喷。如用硫酸亚铁溶液喷洒叶面，可缓解不少花木的黄化病。

1.2.2 方法

根据肥料的供应情况和土壤的肥沃程度，植物对肥料的需要情况采用不同施肥手段，具体施肥方法有撒施、沟施、穴施、条施、环状施肥等。以上方法是将肥施入后用土覆盖为好。另外注意树木施肥范围，要在树冠投影周围均匀地把肥料施入土中，以提高肥效。

1. 撒施　按额定施肥量，把肥料均匀地撒在苗表面，浅耙混土后灌水。
2. 条施　穴施法：在苗木行间或行列附近开沟，肥料施入后覆土。在树冠投影边缘，挖掘单个洞穴，施肥后覆土。
3. 环沟施肥　沿树冠投影线外缘，挖 30～40cm 宽环状沟，施入肥料后覆土踏实。
4. 放射状沟施　以树干为中心，向外挖 4～6 条渐远渐深的沟，将肥料施入后覆土，踏实。

5. 灌施 结合灌水施肥，可将肥料带入土壤深层，实现肥水的最佳配合，提高施肥效益。具体做法如下三种。①将肥先均匀撒施于地表，随即灌水。②将肥装入编织袋内，由水冲溶肥入田内。③将微灌系统配备施肥罐，溶液肥随管道系统入田。

1.2.3 叶面喷肥

叶面喷肥是把肥料溶液或悬浮液喷洒在苗木叶子上，以喷叶背面为好。喷洒时间以早晚空气湿度大、有露水为宜。

1. 叶面培肥浓度

- 缺氮时可喷施尿素。浓度为：幼苗 0.1%～0.5%，草本花卉 0.2%～1%，木本 0.5%～1%。
- 缺磷主要可喷施磷酸二氢钾，浓度 0.1%～0.3%。
- 缺钾可喷施磷酸二氢钾，浓度 0.1%～0.3%。
- 缺铁可喷施硫酸亚铁，浓度为 0.2%～1%。

2. 叶面喷肥技术

- 喷施部位：喷洒时要注意叶片的两面都喷到，特别是叶背的吸收能力更强，喷量要多；以雾滴布满为宜。
- 喷施时间与次数：叶面喷肥时间要选在阴天或晴天的早晚进行为好，避免高温或暴晒影响喷施效果。喷施次数以多次连续为宜。

3. 叶面喷施注意事项

- 追肥的时间以早晨五六点钟天刚亮时为最好，此时空气湿度大，溶液易被吸收，傍晚日落后也可。雨前不能喷施，强光暴晒和大风天气亦不宜进行。
- 要把叶片正反两面全喷到。喷后保持 1 小时左右的湿润，以使叶肥被充分吸收。
- 浓度要适合，浓度过大会引起叶面烧伤，甚至导致死亡、以较低浓度为好。
- 一般每隔 5～7 天 1 次，连续 3～4 次后停施 1 次，以后再连续喷施。
- 酸性肥料不能与碱性肥料混合施用。

- 幼苗期根系尚未充分生长，喷施氮磷钾元素，能加快生长。
- 根外追肥属于应急性施肥办法，必须与根部施肥相结合，才能收到理想的效果。

1.2.4 草坪施肥方式

1. 人工撒施　适用于小面积的草坪或果岭，要求技术熟练的工人操作，为保证肥料的分布尽量均匀，可将肥料分成两份，一份南北向撒，另一份东西向撒，肥料量少时还可拌沙撒施。施肥必须均匀，撒施后及时灌水。
2. 机械施肥　适用于面积较大的草坪，根据肥料存在形式又可分为土施与喷施。土施的结果是草坪草根系吸收养分，传导给植株体，土施使用的机械叫撒播机，效率高，但施肥前应调整好机械的施肥标准，而且要求肥料的颗粒要基本均匀一致，以达到肥料的基本均匀分布；喷施的结果是草坪草叶片吸收养分，传导给植株体。喷施用喷雾器，可与安全农药一起施用，喷施也叫叶面追肥，它的施肥量较土施要少，以免叶片造成灼伤。

1.3 施肥时期

品种 \ 月份	一	二	三	四	五	六	七	八	九	十	十一	十二	备注
银杏			√		√						√		
雪松			√								√		
五针松										√			
柿			√	√	√	√							
垂柳			√										
樱花										√			
玉兰			√	√	√	√	√	√			√		
紫叶李			√										
石榴				√	√			√	√				
鸡爪槭								√	√				
山楂			√		√	√	√						

（续）

品种 \ 月份	一	二	三	四	五	六	七	八	九	十	十一	十二	备注
龙爪槐			√										
木槿						√	√	√	√				
榆叶梅										√			
珍珠梅			√	√				√					
紫薇				√	√	√				√	√		
玫瑰			√	√	√			√	√	√			
蜡梅				√		√	√	√			√		
月季			√						√	√			
丁香			√		√								
紫荆			√			√							
蔷薇				√							√		
桃			√		√						√		
连翘			√		√								
棣棠				√		√					√		
海棠											√		
贴梗海棠							√	√					
迎春			√						√	√			
紫藤			√		√						√		
地锦			√	√	√								
牡丹			√		√						√		
鸢尾			√	√	√	√							
玉簪			√	√	√								
萱草					√						√		
蜀葵				√	√	√	√	√	√	√			
大叶黄杨			√	√							√		
一串红				√	√	√	√	√	√	√	√		
矮牵牛					√	√	√						
美人蕉						√	√	√	√	√			
草坪			√	√	√				√	√	√		

注：灰色填充表示几月到几月间施肥一次。

1.4 施肥参考简表

园林植物	施肥时期	肥料种类	施肥方式
牡丹	3 月下旬花前	有机氮 + 少量磷	撒施
	花后	有机氮 + 少量磷	撒施
	秋末冬初	复合肥、有机肥	撒施
月季	9、10 月	氮磷结合速效肥	灌施
	12 月下旬	有机肥	灌施
玫瑰	3 月初	氮磷结合速效肥	灌施
	3 月下旬~4 月中旬	氮磷结合速效肥	灌施
	4 月中旬~5 月下旬	氮磷结合速效肥	灌施
	8 月中旬~10 月中旬	有机肥 + 速效氮	撒施
	11 月	基肥	撒施
紫薇	5~7 月	追肥氮磷	稀薄灌施
	10 月	基肥	穴施、环施
	11 月	基肥	穴施、环施
樱花	10 月	有机肥	环施
蜡梅	4 月	基肥、有机肥	穴施、环施
	6~8 月	追肥磷为主氮磷钾结合肥	灌施
	11 月	追肥	稀薄灌施
玉兰	3 月花前	以磷为主	灌施
	4 月花后	追肥氮磷	穴施、环施
	5~8 月	以磷为主	穴施、环施
	12 月	追肥、磷钾肥	穴施、环施
木槿	6~9 月	追施氮磷肥	灌施
	11 月	有机肥	环施
榆叶梅	10 月	有机肥	环施
珍珠梅	4~5 月	追施氮磷结合肥	灌施
	8 月	氮肥	灌施

（续）

园林植物	施肥时期	肥料种类	施肥方式
鸢尾	4 月	追肥、磷肥	灌施
	7 月	追肥、磷肥	灌施
	11 月	有机肥、基肥	沟施、环施
矮牵牛	5 月~10 月	追肥、速效肥	撒施
一串红	4 月~6 月	有机肥、氮磷结合肥	撒施
	7~11 月花后	氮磷	灌施
美人蕉	6~10 月花前	每半月麻渣水	灌施
玉簪	3~6 月	每月 1~2 次氮	灌施
	2~9 月花前	每月 1~2 次磷	灌施
蜀葵	4~6 月	追肥氮	灌施
	5~9 月花前	追肥磷	灌施
萱草	5 月下旬返青前	追肥氮	灌施
	11 月	有机肥	灌施
五针松	10 月	追施氮磷结合肥	灌施
雪松	3 月	有机肥	灌施
	11 月	有机肥、基肥	环施
大叶黄杨	4 月	追施氮	灌施
	10 月	追施氮	灌施
丁香	3 月	磷为主追肥	穴施、环施
	5 月	氮为主追肥	穴施、环施
紫荆	3 月花前	追肥、氮磷结合肥	穴施、环施
	6 月花后	追肥、氮为主	穴施、环施
蔷薇	4 月	氮磷结合	穴施、环施
	11 月	基肥	穴施、环施
紫藤	3 月萌芽前	氮磷钾结合肥	穴施、环施
	5 月花后	追肥、以氮为主	穴施、环施
	11 月	有机肥	穴施、环施
迎春	3 月花后	氮磷结合	穴施、环施
	9、10 月	氮磷结合	穴施、环施

（续）

园林植物	施肥时期	肥料种类	施肥方式
桃花	3 月花前	追肥磷钾	灌施
	5 月花后	氮肥追施	灌施
	11 月	基肥	沟施、穴施
连翘	3 月花前	氮磷追施	灌施
	5 月花后	氮磷追施	灌施
棣棠	4 月花前	氮磷追施	灌施
	6 月花后	氮磷追施	灌施
	11 月	基肥	环施
海棠	11 月	有机肥	环施
贴梗海棠	4 月	氮追肥	灌施
	7~8 月	磷	灌施
鸡爪槭	8~9 月	追施磷钾、控氮	灌施
紫叶李	3 月	有机肥	环施
地锦	3~5 月	有机肥	灌施
石榴	4~5 月	追施氮磷结合	灌施
	8~9 月花后	追施氮磷结合	灌施
银杏	3 月	追施氮磷结合	灌施
	3 月、6 月花前花后	追施磷钾	灌施
	11 月	有机肥	环施
山楂	3 月	追施氮肥	灌施
	5~7 月	追施氮磷	灌施
柿	3 月	基肥有机肥	撒施
	4~6 月	有机肥	灌施
垂柳	3 月	有机肥	灌施
龙爪槐	3 月	氮磷结合薄肥	灌施
冷季型草坪	3 月下旬~5 月上旬	草坪肥、复合肥	机施、撒施
	4 月	追草坪肥、复合肥	机施、撒施
	8 月下旬~10 月中下旬	追草坪肥、复合肥	机施、撒施

2
草坪养护管理

2.1 草坪养护管理等级标准

特级养护标准：草坪齐整，覆盖率99%以上，草坪内无杂草。草坪绿色期；冷季型草不少于300天；暖季型草不得少于210天。

一级养护标准：草坪整齐一致，覆盖率95%以上，除缀花草坪外，草坪内杂草率不得超过2%。草坪绿色期：冷季型草不得少于270天，暖季型草不得少于180天。

二级养护标准：草坪整齐一致，覆盖率90%以上，除缀花草坪外，草坪内杂草率不得超过5%。草坪绿色期：冷季型草不得少于240天，暖季型草不得少于160天。具体包括施肥、修剪、灌溉、补播、划破草皮、打孔、覆沙、清除枯草层、滚压和切边等。

"春缓、夏保、秋促"六字方针，是北京地区草坪养护根本指导思想，即各种养护管理措施在春缓慢进行，切忌盲目施大肥、浇大水、造成疯长、减弱抗性、不利于越夏天；夏季要控制水肥的管理和割草的高度，防止草坪病害，保证其安全越夏；秋季是草坪养护的大好季节，要多施肥，水量浇足浇透，为其越冬和明年的生长奠定基础。

2.2 全年四季的管理主要内容

2.3.1 春季管理
春季是生长旺季。

1. 镇压草坪 由于土壤解冻，地气上升，草坪需要镇压，以增加土壤与根系的密实度，减少春天大风对草坪的影响，促进根系分蘖。
具体方法是：用 60～200kg 的手推碌或 80～500kg 的机动滚轮在
草坪上来回镇压。但当土壤黏重、水分过多、草坪较薄时不宜镇压。

2. 浇返青水　要浇足浇透，宜早不宜晚，可在 2 月底～3 月初进行，
可保证草坪返青时有足够的水分。

3. 疏草　将已枯死及多余的草及草根疏除，以保证其他草有足够的
空间生长。增强草坪的更新复壮，延长草坪寿命，可用疏草机或
草坪专用耙进行。

4. 施肥　2 月底施 1 次返青肥，可施腐熟粉碎的有机肥，施肥量为 50～
150g/m²，或施 5～7g/m² 尿素，草坪返青后，3 月底、4 月初追肥 1 次，
肥料以复合肥为主，在施肥的同时，喷施 2000～3000mg/L 多效唑，
可减缓草坪生长，增加单株分蘖，减少修剪次数。较板结的土壤
还可打孔灌沙，使草坪通气，促进草根对地表营养的吸收。

2.3.2 夏季管理

气温炎热，是冷季型草生长淡季，浇水时要浇足浇透，应在早晨、傍
晚进行，切忌在中午阳光暴晒下进行。不要天天浇水，不宜施肥，草坪修
剪不宜过低；对于病虫害如地老虎、黏虫、锈病、叶枯病、四核菌综合症
等要掌握其发病规律，及早预防和治疗。

2.3.3 秋季管理

秋季的草坪生长季节，也是为越冬翌年返青储备营养物质的时期。

1. 浇水　每次要浇足浇透，避免只浇表土，至少应达到湿透土层 10～
15cm，草坪施肥后，要及时浇水，以促进养分的分解和吸收。

2. 施肥　促进根系生长，并促进营养物质的储存，推迟枯黄期，延
长草坪绿期，肥料以氮、磷、钾复合肥为主，氮、磷、钾的施用
比例 5:4:3。施肥一般为 3～4kg/100m²，应在阴天或雨前撒于
草坪场地，或与灌溉结合进行，以防施用不当，损伤苗木。

2.3.4 冬季管理

冬季气温降低，草坪进入休眠。

1. 最后一次修剪应在 11 月中旬进行。修剪过晚及高度过低，将会

导致提前枯黄。

2. 浇封冻水宜晚不宜早，以见冰碴为好，可在 11 月底~12 月上中旬进行，冻水要浇足浇透，水渗透不低于 15cm，浇完封冻水后，草坪基本上不需要在管理了。

2.3 基本做法

2.3.1 施肥

氮肥，在初春和秋季施用，在夏季，不宜大量的施入氮肥。磷肥和钾肥对草坪的根系生长具有一定的促进作用，苗期或秋末施肥使用含磷、钾元素的肥料。

草坪春季施肥从 3 月中下旬以后开始，氮肥（尿素）控制在 $5\sim7g/m^2$，并着重施用磷钾肥，视草坪状况，如有需要，4 月份还可追施一次。春季，施用缓解肥料。春末夏初施用钾肥。尽可能减少夏季施肥或不施肥，只有在草坪出现严重缺绿症时才施用少量氮肥或叶面喷施 0.3%~0.5%的尿素和磷酸二氢钾。春季施肥占全年施肥量的 25%。冷季型草坪秋季施肥 8 月底开始，一般进行 2~3 次，整个秋季施肥中氮肥的用量占全年的用量的 75% 左右，8 月底至 9 月初第一次施肥，草地早熟禾草坪氮肥（尿素）用量控制在 $10g/m^2$ 以下，并结合施用磷钾肥。深秋施肥时间是 10 月下旬至 11 月上中旬。最好施用氮、磷、钾全部含有的复合肥、缓释肥或草坪专用肥。

施肥季节	施肥时间	施肥种类	N、P、K 比例	年施肥量	每次施用量	备注
春季	4 月初	缓释肥、复合肥或草坪专用肥	低氮、低磷、低钾如 2:1:2、2:1:1 等	N：$20\sim30$ g/m^2 P：$10\sim15$ g/m^2 K：$10\sim15$ g/m^2	年用量 15%	草坪返青表现较好，4 月施足后 5 月可不必再施
	5 月中旬				年用量 10%	
秋季	8 月底至 9 月初	复合肥、草坪专用肥或缓释肥	高氮、高磷、高钾如 3:1:2、3:1:3 等		年用量 30%	秋末最后一次施肥最好是在日均温近 10℃时进行
	10 月底				年用量 35%	

注：表中的施肥量指 N、P、K 的纯量，而不是肥量的用量，具体施入的肥量还需要根据所施肥的 N、P、K 比例换算。

2.3.2 灌溉

高羊茅草坪和草地早熟禾草坪一年有 900ml/m² 灌溉，结缕草和野牛草草坪，一年有 550ml/m²。

春季（3～5月），春季灌水深度不应少于 10～15cm，干透后再次灌溉，一般 7～10 天浇一次水，浇水见湿见干，灌溉的一条基本原则是"一次浇透，干透再灌溉"。

夏季（6～8月），每天凌晨至上午 10 点和下午 3～5 点多是灌溉的最佳时间，夏季草坪应避免在夜间和中午灌溉，但在特别炎热的中午，可在草坪短时间喷水（几分钟），通过水分蒸发带走热量而降低草坪温度，防止草坪受高温伤害。而 7 月和 8 月的灌溉计划要视天气情况而定。

最后一次冻水一般年份在 11 月底进行，暖冬气候条件下可向后推迟，总的原则是只要日均温不低于 3℃，就可以草坪补充水分。

确定草坪是否需浇水有 3 种简单的方法：

1. 步行走过草坪时可以见到脚印。
2. 10cm 深度的土壤是干的，用手捏不成团。
3. 午后对着太阳观察，草坪的某些地方出现深色斑块。

若出现这 3 种现象，冷季型草坪就需要灌溉。

2.3.3 修剪

草坪应定期修剪。高质量的草坪大约每周修剪一次，一年总计 20 多次，而低水平养护下，草坪一年修剪约 12 次。修剪高度的季节调整是修剪技术的中心环节，修剪量 1/3 原则是确定修剪时间和频率的基本依据。

高质量草坪的修剪频率：

月份	3～4月	5月	6月	7月	8月	9月	10月	11月
修剪高度（cm）	5	5	5～6	6、7～8	7～8	6	6～5	8
修剪次数	3	4	3	2	3	4	3	2

1. 春季草坪修剪　返青前（2 月底至 3 月初）清除部分枯草促进返青，如有倒春寒天气，可向后推迟。浇返青水后，开始第一次修剪，初次剪草可适当降低剪草高度，以清除枯草，加快草坪返青，以剪掉草坪上部枯叶为目的。草地早熟禾草坪最初的修剪高度可为 5cm，并严格按照 1/3 原则，6 月初开始逐渐将草坪修剪高度提升

到 6cm，尽量减少修剪次数。

2.　夏季草坪修剪　修剪高度应提高到 7～8cm。

3.　秋季草坪修剪　修剪高度逐渐调整为 6cm，修剪间隔 10 天左右。深秋施肥之前可将修剪度逐渐降低到 5cm 左右。

4.　冬季草坪修剪　草坪进入冬季修面前 15～20 天，修剪高度逐渐提高 8cm，越冬前的最后修剪高度不得低于 6cm。

2.3.4　打孔

高养护水平的草坪绿地在生长季是每月打一次孔，而低养护的则一年打一次或者根本就不打。

2.3.5　病虫害防治

1.　首先应正确诊断和识别病害。

2.　要科学地确定用药量、施药时间、间隔天数和施药次数。

3.　避免长期使用单一农药品种。

4.　采用喷雾法防治叶部病害，草坪喷药后 24 小时内不要灌溉和修剪；采用撒施防治根部病害，施药后应适当灌水，以使药剂渗入到枯草层和土壤中去。

草坪主要病虫害防治见本书"第三部分　病虫害防治篇"第 6 部分。

另外，野牛草绿期的延长措施可采用以下方法：通过提早浇返青水、施肥、修剪措施可以适当延长绿期，在施用氮肥时需要喷较高浓度的氮肥。

2.3.6　草坪剪草机的技术要求操作规程

1. 总则

1.01 为加强园林绿化技术工作的行业管理，使园林绿化技术管理工作走上规范化、科学化、法制化的轨迹，特此订此标准。

1.0.2 本规程规定草坪剪草机的技术要求、操作规程及保养维护等规程。

1.0.3 本标准（规程）适用于内燃机为动力的草坪剪草机，电机为动力的草坪剪草机亦可参照使用。

2. 术语及引用标准

2.0.1 术语

2.1.1 剪草机：专门用来修剪草坪，并具有调节剪草高度机构的机械。

2.1.2 刀剪圆周：旋刀式草坪剪草机刀片绕驱动轴旋转，其最外端点运动的轨迹。

2.1.3 切割高度：作业时工作刃和行走轮支承平面间的距离。

2.1.4 运输状态：运输或转移时，卸下切割机构或使其处于适当位置的机器状态。

2.1.5 剪草宽度：在平整的草坪上作业后，与前方向垂直所测得的宽度。可近似于切割机的长度或刀剪圆周直径。单位：mm。

2.1.6 集草装置：用以收集剪下草的装置，又称集草袋或集草器。

2.1.7 旋刀式剪草机：用立轴带动刀片在水平面内旋转进行剪草作业的剪草机。

2.1.8 操作者：具有一定技能的剪草机使用者。

2.1.9 正常操作和使用：具有一定技能的操作者，按照使用说明书和安全防护规定，进行的正确操作和进行保养、维修、调整、存储等工作。

2.0.2 引用标准：本标准（规程）引用中华人民共和国建设部标准 JJ79–1989 草坪剪草机。并参考中华人民共和国专业标准 ZBP54001–54005–1987 草坪割草机（中华人民共和国林业部批准）。

3. 技术要求

3.0.1 动力驱动的齿轮、皮带等应设有罩壳或其他附加装置。刀片的罩壳应具有足够的强度，能有效地起到草的导向防护作用。

3.0.2 发动机在常温下启动可重复 3 次，每次间隔 2 秒。一次允许拉动起动绳 3 回，其中应有一回启动成功。

3.0.3 操作者耳旁的噪声不得超过 90dB（A）。

3.0.4 应在刀片罩壳醒目处写有"刀片旋转，危险"等字样。

3.0.5 传动系统应转动灵活，不得有异常响声，减速箱不得漏油。

3.0.6 剪草高度调节机构的调整应灵活方便，不得有跑位事情发生。

3.0.7 剪草机修剪后的草坪应平整，基本无漏剪。

3.0.8 剪草机行走轮中心应处于同一水平面上，行走轮应能转动自如，推动时轻便省力。

3.0.9 剪草机应有可靠的安全防护措施。

3.0.10 对旋转式剪草机，出口草应有集草装置或防护装置或两者皆有。集草装置或防护装置应安装牢固，保证操作者的安全。出草口排出的草不得直接进入操作区。

3.0.11 对滚刀式剪草机，滚刀两侧应按规定安装罩壳，且滚刀最外点到刀片罩壳内表之间间隙不得少于10mm，手柄末端到滚刀后部垂直切线的水平距离不应少于450mm，以免操作者工作时脚被伤害。用脚模型试验时，肢模型不得与滚刀相碰。

4. 安全操作

4.0.1 操作者应按产品使用说明书规定正常使用。

4.0.2 准备

a. 操作者必须认真阅读和熟识剪草机使用说明，掌握其使用方法后方准使用。

b. 操作者应穿长裤，不得赤脚或穿凉鞋。

c. 剪草机附近有非工作人员时，不得作业。

d. 作业前应清楚草地上的石块、棍棒、铁丝等杂物。草地不能太潮湿。

e. 随机备用的燃料应装在专用的容器内，并放置于阴凉处。

f. 要启动前按规定先添加燃料，为避免火灾，不得将燃油加得过满，若油洒在机械表面，应擦净，若洒在地上，应挪走到一定距离后方可启动机器。

g. 启动前，应检查切割机构、防护装置和传动装置是否正常。不得使用没有安装防护装置的剪草机。一旦发现刀片裂、刀口缺口或钝，应及时更换或磨利。

h. 带有离合器或紧急制动的切割装置，启动前应使机构处于分离状态。

i. 草坪剪草机折叠把手，应在作业前锁紧，防止作业时意外松脱而失控。

j. 发动机正在运转、发动机过热或机旁有人抽烟时，禁止加油。

k. 在坡地或凹凸不平的草坪上作业时，应适当降低行驶速度。要缓慢停车或起步，以防意外。

l. 刀片碰到石头或其他障碍物后，应立即停机，检查是否有零件损坏。

m. 下列操作，应在停机后进行：拆去集草袋、调节剪草高度或清除排草通道的堵塞物等。

n. 乘坐式剪草机不准乘带非工作人员。

o. 小块草地只允许一台剪草机作业；多台剪草机同时在一块较大草地同时作业时，剪草机之间应保持一定距离，以免发生危险。

p. 每天工作结束后，应关闭油箱开关。

5. 维护养护

5.0.1 应按产品制造厂家规定的机器使用说明书规定正确维护保养。

5.0.2 刀片不平衡、震动严重、操作者耳旁噪声超标、剪草抛出不理想、发动机启动困难、传动系统有严重响声及紧急制动系统失灵等故障，均属严重缺陷。一旦发生上述严重缺陷，必须彻底修复后，才允许工作。

5.0.3 工作过程中发现紧固件松动等现象时，在不影响草质量及安全情况下，可允许在作业暂告一段落后于工作现场停机修理，然后继续使用。

6. 存储

6.0.1 燃油系统内的油应放净。

6.0.2 将发动机和消声器上油污、草屑等清理干净。

6.0.3 剪草机应存储在干燥、通风的室内。

6.0.4 存放前机器状态应完好。

2.3.7 冷季型草坪养护月历

项目 \\ 月份	十二	一	二	三	四	五	六	七	八	九	十	十一	备注
病虫害防治 — 褐斑病					√	√	√	√	√				
腐霉枯萎病							√	√	√	√			
夏季斑枯病								√	√				
镰刀枯萎病							√	√	√				
炭疽病							√	√	√				
蘑菇圈							√						
锈病	√				√					√		√	
白粉病					√	√				√	√		
线虫						√	√	√	√				
细菌病害					√	√				√	√		
小地老虎					√	√	√	√					
黄地老虎				√	√	√							
同型巴蜗牛					√	√				√	√		
参环蜗牛								√	√				
黏虫						√	√						
浇水		√	√	√	√	√				√	√	√	
施追肥				√									
施钾肥						√							
施复合肥									√		√		
修剪				√	√	√	√	√	√	√	√		

参考文献

1. 杨先芬.花卉施肥技术手册.北京：中国农业出版社，2001.

2. 赵美琦，孙彦，张青文.草坪养护技术.北京：中国林业出版社，2001.

3. 陈佐志，周示.草坪与地被科学进展.北京：中国林业出版社，2006.

4. 张东林.初级园林绿化与育苗工培训考试教程.北京：中国林业出版社，2006.

5. 张东林.中级园林绿化与育苗工培训考试教程.北京：中国林业出版社，2006.

6. 张东林.高级园林绿化与育苗工培训考试教程.北京：中国林业出版社，2006.

7. 胡长龙.观赏花木整形修剪手册.上海：上海科学技术出版社，2005.

8. 张连先.北方园林植物常见病虫害防治手册.北京：中国林业出版社，2007.

9. 王锡琳.北方城镇园林绿地养护管理.银川：宁夏人民出版社，2009.

10. 王鹏，贾志同，冯莎莎.园林树木移植与整形修剪.北京：化学工业出版社，2010.

11. 赵和文.园林树木选择、栽植、养护.北京：化学工业出版社，2009.

12. 【英】David Squire. DIY巧手园艺系列修剪.长沙：湖南科学技术出版社，2006.

13. 张君超.园林工程技术专业综合实训指导书——园艺工程养护管

理.北京：中国林业出版社，2008.

14. 张东林.园林绿化种植与养护工程问答实录.北京：机械工业出版社，2009.

15. 中国风景园林学会园林工程分会，中国建筑业协会古建筑施工分会.园林绿化工程施工技术.北京：中国建筑工业出版社，2008.

16. 北京市园林局，赵怀谦，赵宏儒，杨志华.园林植物病虫害防治手册.北京：农业出版社，1994.

17. 徐公天，杨志华.中国园林害虫.北京：中国林业出版社，2007.

18. 陈有民.园林树木学.北京：中国林业出版社，1990.

19. 王韫璠.园林树木整形修剪技术.上海：上海科学技术出版社，2007.

20. 毕晓颖.观赏花木整形修剪百问百答.北京：中国农业出版社，2010.